200道
義大利麵料理
輕鬆做

溫暖湯品×簡易沙拉×美味麵食

瑪莉雅‧芮奇（Maria Ricci）/ 著　　　謝映如 / 譯

contents
目錄

本書使用說明

本書所有食譜所採用的計量標準如下：
1 大匙（或作湯匙）= 15 毫升匙
1 小匙（或作茶匙）= 5 毫升匙

瓦斯（煤氣）烤箱須預熱至指定溫度才開始計算烘烤時間。若使用風扇增溫烤箱，請參照使用指南調整所需時間與溫度設定。

食譜中所列香草皆指新鮮香草，除非指明使用乾燥香草。

雞蛋大小以中間值為準，除非指明大小。健康管理局建議食用雞蛋必須全熟。

本書食譜中含有部分料理方式為使用生蛋或半熟蛋，敬告食用者如孕婦、哺乳中婦女、病人、長者及嬰幼兒，應避免飲食中含有生雞蛋或半熟蛋。所有料理後食品，應儘快食用完畢或放置冰箱保存。

本書食譜中含堅果與堅果製品。敬告已知對堅果與堅果製品有過敏反應者，或有較高過敏可能者，如孕婦、哺乳中婦女、病人、長者與嬰幼兒，應避免食用含堅果或含堅果類製品以及堅果油所製食品。必須謹慎閱讀食材外標之成分說明，以能完全避免誤食。

前言

義大利麵（意大利粉）也許是傳統的義大利菜餚，但是它深受全世界的喜愛，甚至可以每週吃上好幾回，這點無庸置疑。義大利麵是非常方便的食物，準備起來快速簡單，由於各種不同的麵條形狀與醬料組合，可以因應各種場合，極富變化，既可以是日常快捷一餐，也可以是晚宴的主菜。

新鮮麵條與乾燥麵條

大部分的人通常有個迷思：認為新鮮現做的義大利麵條優於乾燥麵條，或是新鮮的比乾燥的複雜。但這與事實相去甚遠。新鮮麵條是為了特定的形狀與醬汁做準備的，通常是義大利中部、北部的偏好。在南義某些地區，如西西里，天天吃義大利麵的人可能從來沒吃過現做的麵條！除非是特殊麵點，否則本書食譜都是使用乾燥麵條。不過若是要用到包餡的義大利麵，則以現做為考量。

想要在超市買到新鮮的義大利麵條可能會大失所望。現成市售的新鮮麵條通常淪為黏牙與平淡無味，倒不如花點心思找找附近是否有義大利麵專賣店，他們會以較好的原料每日提供現做的麵條。本書第 8 頁將介紹以麵粉與蛋製作的傳統義大利生麵團的製作祕方，並於最後篇章（第 116 頁至 125 頁）詳盡介紹家庭自製新鮮義大利麵的食譜。

乾燥義大利麵可能含蛋或不含蛋，使用杜蘭小麥或低筋麵粉，形狀與品牌的選擇更是目不暇給。因此，以下將提供如何選擇麵條形狀來搭配醬汁的指南。至於品牌，當然是以義大利本土品牌為首選。義大利品牌的麵條千變萬化，原料與專業處方將是產品是否優於大部分市售品牌的關鍵。

如何搭配義大利麵的形狀與醬汁

義大利人對義大利麵食的形狀與醬汁間的相稱組合，有著強烈的堅持。但要建立一個評斷的通則，往往也因為過多的例外而不得不折衷。最後會發現，最佳搭配組合就是你自己覺得最好的那種，但以下的建議可以協助你做出明智的選擇。

油汁醬料（oil-based sauces）

油汁醬料正是與細長杜蘭小麥麵（Durum wheat），如經典義大利麵（speghetti）與細扁麵（linguine）相輔相成的絕對搭檔。油汁醬料以橄欖油為主原料，是搭配番茄、魚類和蔬菜的完美選擇。這兩種麵條並不像含蛋麵類，會吸附油汁，相對地還可帶出絲光油亮的沾醬包覆效果。

黏稠奶油醬料（creamy & buttery sauces）

如同前述原因，含蛋義大利麵也會是鮮奶油或奶油醬料的最佳拍檔。不過，此類醬料極多樣，有時也樂於與短麵條為伍，如蝴蝶麵（farfalle）、螺旋麵與筆管麵。

脆口醬料（chunky sauces）

中空且帶紋路的麵條，如貝殼麵（conchiglie）、筆管麵（penne，又稱筆尖麵）、水管麵（rigatoni，又稱粗管麵），或是捲管麵（garganelli，又稱彎管麵），如螺旋麵（fusilli）等，都是足以帶出顆粒口感的選擇。或是你也可以選擇含蛋的長形麵條，如緞帶麵（fettuccine）、大寬麵（pappardelle，緞帶麵的一種）、鳥巢麵（tagliatelle，緞帶麵的一種）。含蛋的麵條更容易吸水，且這類麵條有較大表面積可以吸附醬汁。脆口醬料之於一般細長條麵樣式，如經典義大利麵（spaghetti），很難沾取附著，這也是正宗波隆那義大利麵從不使用經典細長麵條的原因。

完美烹調

藉由以下幾條簡易的指導原則，可以確保每次煮義大利麵都是完美呈現。

足量的加鹽沸水

以極大平底鍋盛滿沸水。鍋子夠大，麵條才有空間可以移動與擴張，並讓沸水翻動，麵條才不會黏在一起。煮到一半時，適時地翻攪，也有助於麵條或麵管根根分明。沸水中必須加入足量的鹽，確保在醬汁加入前，麵條已非白淡無味。

直至彈牙

我們常聽到這句義大利文，卻從不得其解，不知其意所指。事實上，Al dente 從義大利文字面上的翻譯是「到牙齒」，意指麵咬下去，外表熟軟但中心有點硬。但事實上，麵條應該煮到全熟，不應看見中間白色的生麵心。

麵條醬汁

義大利麵通常都是將已經沾勻醬汁的麵上桌，而非提供熟麵與分開的一瓢醬料在盤子裡。這是為了確保麵與醬料均勻調和，且符合相稱樣式的完美比例。本書介紹的食譜將說明如何保留醒麵水，以爐火加溫調和沾醬等程序。乍聽也許很奇怪，內文將有明確的解釋。義大利人只使用剛好份量的沾醬拌勻麵食，使用含有麵糊的水，並在爐火上攪拌，讓醬汁更好附著在麵上，否則無法得到沾醬絲亮豐裕的效果。

製作麵條

你可能沒想過自己做麵這令人卻步的任務，但是這比做糕點容易得多。當然，這可能需要點練習，熟悉製作流程，所以千萬別在宴客前才嘗試生平第一次做新鮮麵條！

基本義大利生麵團

本食譜介紹各含 1 顆、2 顆、3 顆蛋的義大利生麵團製作祕訣，請先確認所需的份量才著手。

1 顆蛋義大利生麵團：
約產出150 克中筋麵粉（或義大利00 麵粉）75 克，含撒粉用量
顆粒小麥麵粉（semola di grano duro）25 克，含撒粉用量
1 顆蛋

2 顆蛋義大利生麵團：
約產出 300 克中筋麵粉（或義大利00 麵粉）150 克，含撒粉用量
顆粒小麥麵粉 50 克，含撒粉用量
2 顆蛋

3 顆蛋義大利生麵團：
約產出 400 克中筋麵粉（或義大利00 麵粉）225 克，含撒粉用量
顆粒小麥麵粉 75 克，含撒粉用量
3 顆蛋

將麵粉與顆粒小麥麵粉放進大碗內混合，中間做出小渦將蛋打入。以手指慢慢混合麵粉與雞蛋，直到中央部分變得太黏無法拌開時，以手腕力道將生麵團揉合。或將材料全數放進食物處理機打至混合。

將生麵團放在乾淨的工作台上，撒上中筋麵粉再揉 3 ～ 4 分鐘，直到感覺彈性光滑。以保鮮膜包起來靜置最少 30 分鐘，甚至 4 小時。

擀麵

在工作台撒上少許中筋麵粉，把擀麵機開口調到最大。將生麵團切成檸檬大小，並確保每塊在待用時都以保鮮膜包住。取一塊用手捏成矩形，放進擀麵機裡。將擀出的麵皮對折後，再放回機器擀一次。將厚度刻度往下調整一格，把麵皮再度放進機器擀一次。

持續以上的動作直到走完擀麵機所有的刻度。若過程中發現麵片過長，難以處理，則可以對半切，一次處理一半。若發現麵片太黏，黏在機器上，則撒點麵粉。

將處理好的麵片表層撒上一點顆粒小麥麵粉，蓋上茶巾，繼續處理其他生麵團。

擀麵時必須把握時間，生麵團乾掉的速度很快，所以必須在可運作的濕度內儘快完成作業。

裁成各種形狀

不用費心拿出尺規，千層麵可直接裁成烤盤大小，用利刀或劃麵刀剪裁所需大小。

要將麵皮變成大寬麵、鳥巢麵、緞帶麵或細麵（taglierini）等，首先將麵皮裁成 20 公分長，放進擀麵機裁成條。緞帶麵與鳥巢麵約是 1 公分寬度，細麵約 0.5 公分寬。

若以手工切麵，先將麵皮撒上麵粉，對折成一半長度，撒麵粉，再對折一次。以利尖刀切成 2.5 公分寬即為大寬麵，切成 1 公分寬可為鳥巢麵與緞帶麵，切成 0.5 公分寬則是細麵。

其他形狀的麵條，或包填料的麵皮，都將在相關的食譜中說明。

廚具設備

做義大利麵條或義大利麵疙瘩（gnocchi）時，僅有少數幾項工具是極關鍵或極有用的器具。

大平底鍋

沒有夠大的平底鍋是不可能煮義大利麵的。你將需要一個夠大的平底鍋，煮麵的時候才能讓麵條充分在滾水中伸展移動。

濾鍋

當麵條在滾水裡變黏重時，你會想要儘速瀝乾麵條。一口夠大的濾鍋，可以直接站在廚房水槽裡的大小，比濾網的用處大。

撈杓與漏杓

如果可以直接撈起滾水鍋中的包餡麵條或麵疙瘩，會比整鍋倒出瀝乾更迅速方便。同時，用來處理小型的短麵也比較實用。

麵鉗

如經典義大利麵或細扁麵皮這樣的長形麵，拌醬汁時若使用麵鉗會比較容易。上菜入盤時，麵鉗也會是最容易運用的。但要注意，使用在生麵團與新鮮自製麵條上時動作要輕，要特別小心以免弄斷麵條。

波浪刀

用來切開麵皮以製作千層麵或各種麵餃（ravioli）。這個輔助工具並非絕對必要，只是讓切麵動作容易完成，且切出來的麵有更美觀的波浪切邊。

研磨器

這項工具對磨出麵疙瘩所需的輕細碎末很重要。即便你不常做麵疙瘩，這個便宜的工具可完成各式食材的磨碎需求。

擀麵機

這種機器不貴，可以讓擀麵的工作輕鬆很多，再也不必用擀麵棍一張一張的滾出麵皮了，附加的切麵功能可切出緞帶麵、鳥巢麵、細麵，更是省下不少手工時間。

食材

下列清單為經典義大利麵款式中，所使用之主要食材的簡易指南。

橄欖油

橄欖油可分成很多不同等級。特級初榨橄欖油是由第一道冷壓製成，它的風味濃郁且多樣性，可從椒味、核果味到青草味。食譜中用到非烹煮的油料，或是當作主要關鍵食材時，會使用特級初榨橄欖油，煮出來的麵味道最好。通常商業化生產的平價品牌，比較適合用作備料時煎炒蔬菜的油品。

起士（芝士）

莫札瑞拉起士（Mozzarella）是用乳牛奶或水牛奶製成的。乳牛奶製品比較適合需要融化的烹調過程，若想搭配沙拉，則可採用水牛奶製的莫札瑞拉起士，較為新鮮濃郁，要買就買保存在水裡的。

帕瑪森起士（Parmesan）是來自艾米利亞-羅馬涅（Emilia Romana）的乳牛起士。它被廣泛用作所有義大利麵的刨絲或削片撒料。帕達諾（Grana Padano）是非常接近帕瑪森的起士，用作食材，價格比較實惠。

佩克里諾（Pecorino）是一種產自中義與南義的羊奶起士。從熟成可食到刨絲烹煮的乾酪狀態，有很多不同樣式。本書所列的食譜，所用皆為佩克里諾起士。

瑞可塔（Ricotta）是一種天然低脂的軟起士，是由製作起士留下的乳清所製成的。這種軟酪是以乳清再度加熱後，以網子攪撈瀝乾後所製成，所以命名 ricotta，原意就是「再煮」（re-cooked）的意思。義大利本土外的瑞可塔起士皆是乳牛製品，也是本書中的食譜中所採用的。

芳提娜（Fontina）是皮埃蒙特（Piedmont）的中味起士，融化起來光滑均勻，是作菜的理想起士。

戈貢佐拉（Gorgonzola）與多奇拿鐵（Dolcelatte）兩種都是義大利麵醬料最常用到的藍黴起士。戈貢佐拉甚至比起斯蒂爾頓（Stilton）起士與羅克福（Roquefort）起士味道更重，多奇拿鐵則較順口多乳香，對清淡醬料而言是比較好的選擇。

馬斯卡彭（Mascarpone）是一種全脂且厚重的起士，富含濃醇香滑的質感。

火腿

Prosciutto 是義大利文，泛指火腿。義大利生火腿（Prosciutto Crudo）是最廣為人知的義大利火腿，其中最出名的就是帕瑪（Parma）生火腿。它是一種鹽漬生肉，然後風乾熟成。Speck 是來自北義邊境的燻鹹肉，也是本書採用的食材之一。它富含濃重的煙燻風味，亦可以黑森林火腿取代。

番茄

在義大利的夏天，番茄有非常多樣的品種選擇，從聖女番茄、櫻桃番茄到拌沙拉用的綠番茄都有。每一種番茄都有它的用處，聖馬扎諾番茄更是製作番茄醬汁的首選。它常用在做番茄罐頭，有切塊也有整顆的。高品質的罐裝番茄從不令人失望，義大利人也樂於在冬天使用罐裝番茄。事實上，罐裝番茄才是義大利人所偏好的，品質遠勝未熟偏酸的溫室番茄。紅醬就是以柔細的生番茄泥，裝瓶裝罐或裝在紙盒出售。食譜中所指的去皮番茄，則是將番茄放進耐熱碗裡以滾水浸燙，待 30 秒後表皮脫落，瀝乾。在番茄底部劃個十字小口，即可將皮拉掉。

菇類

在義大利用得最廣的野菇就是牛肝蕈菇（牛肝菌）（porcini）、黃菇（chanterelles）、小黃菇（girolles）。即使在義大利的秋天，義大利人還是會採用乾燥野菇，預先浸泡熱水做菜。其中，最受歡迎的是牛肝蕈菇。請保留泡野菇的水入菜，風味絕佳。

鯷魚

這種小魚可買到新鮮的或鹽漬與油漬的罐裝產品。鹽漬的通常吃起來比油漬的新鮮，但需要清洗乾淨，去掉鹽分。這本書中的食譜多採用罐裝鯷魚，不是鮮魚。

酸豆（或稱續隨子）

酸豆是一種以鹽或酒醋醃漬的小花蕾。使用前需以冷水浸泡，去掉鹽分與刺鼻的醋味。小酸豆通常風味比大酸豆好。

麵粉

義大利人通常使用兩種軟麥麵粉；分為 0，類似我們所知的中筋麵粉，00 則是研磨得更細的麵粉，適合製作新鮮麵條的時候使用。義大利 00 麵粉可在義大利食品專賣店或是高檔超市內買到。另外一種很常用的麵粉是杜蘭小麥顆粒麵粉，常用在麵包與麵條的製作。這種麵粉比粗粒小麥粉精細，也廣為其他國家使用，值得跑一趟找找有販售的商家，來製作香滑新鮮的義大利麵。

各種場合都適用的菜單

以下快速清單可以讓你找到最合適的食譜。

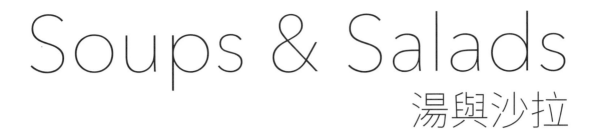

Soups & Salads
湯與沙拉

深秋義式蔬菜湯
Autumn Minestrone

🕐 準備時間：15 分鐘
🕑 烹調時間：55 分鐘

👪

材料

橄欖油 2 大匙

紅洋蔥 1 顆（切細絲）

胡蘿蔔 2 條（切丁）

西芹梗 2 條（切丁）

茴香球莖 1/2 顆（切細薄絲）

大蒜瓣 2 片（去皮）

干白酒（不甜的白酒）150 毫升

番茄碎 400 克

蔬菜高湯 1.2 公升

馬鈴薯 1 顆（去皮切丁）

罐裝白腰豆 400 克裝 1/2 罐（清洗瀝乾）

義大利黑包心菜絲 200 克

乾通心粉 75 克

鹽與黑胡椒少許

經典青醬備用（見第 87 頁，可酌取）

作法

1 以大形深口平底鍋將油低溫預熱，加入洋蔥、西芹、胡蘿蔔、茴香莖、大蒜瓣，不時攪拌慢炒 10 分鐘。

2 加入干白酒快爆 2 分鐘，拌入碎番茄與高湯直至沸騰，再以小火慢燉 10 分鐘。

3 倒入馬鈴薯、白腰豆、包心菜，以鹽和黑胡椒調味，再燉 20 分鐘直到蔬菜熟軟。

4 把通心粉倒入烹煮，不時攪拌直至湯頭濃稠。斟酌調味，可依照個人喜好加入青醬。（如 87 頁）

🥄 多一味

濃郁肉味蔬菜湯
Rich & Meaty Minestrone

1 將醃豬腿 250 克切丁，與洋蔥、胡蘿蔔、西芹、茴香莖爆香。

2 取紅酒 300 毫升取代干白酒，並以等量雞高湯取代蔬菜高湯。

3 再倒入白腰豆 1 整罐，即成。

春日義式蔬菜湯
Spring Minestrone

🕐 準備時間：15 分鐘

⏱ 烹調時間：55 分鐘

👫👪👧👨‍👧

材料

橄欖油 2 大匙

紅洋蔥 1 顆（切細絲）

胡蘿蔔 2 條（切丁）

西芹梗 2 條（切丁）

大蒜瓣 2 片（去皮）

馬鈴薯 1 顆（去皮切丁）

荷蘭豆 125 克（若冷凍過則需退冰）

小胡瓜 1 條（切丁）

菜豆 125 克（去絲），切成 3.5 公分段塊

聖女番茄 125 克（去皮剁碎）

蔬菜高湯 1.2 公升

乾燥通心粉 75 克

羅勒葉 10 片

鹽與黑胡椒少許

裝飾

現刨義大利起士（芝士）絲少許

特級初榨橄欖油少許

烘烤過的農夫餐包適量

作法

1 以大形深口平底鍋將油低溫預熱。

2 加入洋蔥、胡蘿蔔、西芹、大蒜瓣，不時攪拌，慢炒 10 分鐘。

3 拌入馬鈴薯、荷蘭豆、聖女番茄、菜豆，均勻攪拌烹熟 2 分鐘，加入碎番茄與鹽和黑胡椒調味，再煮 2 分鐘。

4 倒入高湯，煮沸後轉小火慢燉 20 分鐘，直至所有蔬菜軟熟。

5 加入通心粉與羅勒葉烹煮，不時攪拌直至湯頭濃稠。

6 斟酌調味並隨意撒上現刨帕瑪森起士絲，及幾撮初榨頂級橄欖油增加美觀。上菜佐以農夫餐包。

 多一味

義式起士焗烤麵包佐濃湯
Parmesan Toasts

1 單面火烤巧巴達 4 ～ 6 片，在火烤面刷上橄欖油 2 ～ 3 大匙。

2 撒上辣椒片少許與現刨帕瑪森起士絲，以中火烤至金黃酥脆。

翡翠義式蔬菜湯
Minestrone Verde

🕐 準備時間：20 分鐘（含浸泡時間）

🍳 烹調時間：90 ～ 105 分鐘

👫👫👫👫

材料

乾燥白腰豆 50 克（事先浸泡一晚）

橄欖油 3 大匙，大蒜瓣 2 片（搗碎）

青蔥 2 根（切段成小圈），番茄 3 顆（剁碎）

剁碎洋香菜（芫荽）3 大匙

切碎韭菜 1 大匙

切段菜豆 125 克，每段長約 2.5 公分

荷蘭豆 150 克（去皮）

去豆莢新鮮或冷凍豌豆 125 克

滾水或高湯 1 公升

義大利乾通心粉 75 克

菠菜 175 克

鹽與黑胡椒少許

裝飾

新鮮現成的紅醬適量

現刨帕瑪森起士（芝士）絲少許

作法

1 清洗並瀝乾白腰豆，放進平底鍋並加冷水淹過表面。

2 水煮至沸騰，轉小火燉約 45 ～ 60 分鐘直到白腰豆變軟，起鍋置入冷開水中。

3 以大平底鍋熱油後轉小火，加入大蒜與青蔥，拌炒約 5 ～ 10 分鐘，直到熟軟。

4 加入番茄與其他青蔬備料，以鹽和黑胡椒調味，再煮 12 ～ 15 分鐘至番茄熟爛。

5 加入新鮮荷蘭豆、菜豆、豌豆，煮 1 ～ 2 分鐘後加入開水或高湯，再快火煮沸 10 分鐘。

6 放進米、已煮熟的白腰豆（含水）與菠菜，烹煮 10 分鐘。適當調味並充分拌入所有青蔬。

7 加上一大坨紅椒醬並撒上現刨帕瑪森起士絲，少許韭菜末裝飾。

◆ Tips

若豆類為冷凍豆，可於作法 6 時再加入。

 多一味

家庭自製紅椒醬
Homemade Red Pepper Pesto

1 烤紅椒 2 顆，去皮。

2 加入大蒜 2 瓣、松子 50 克與橄欖油 4 大匙，一起打成泥即可。

鷹嘴豆義大利麵湯
Chunky Chickpea & Pasta Soup

🕐 準備時間：5 分鐘

🕑 烹調時間：35 分鐘

👪

材料

橄欖油 1 大匙

大蒜瓣 2 片（切碎末）

迷迭香枝 2 小株（切碎末）

紅辣椒乾 1 根

番茄泥 2 大匙

罐裝鷹嘴豆 400 克（清洗瀝乾）

蔬菜或雞肉高湯 1.2 公升

乾燥義大利寬麵或緞帶麵 175 克（折小段）

鹽少許

裝飾

現刨帕瑪森義大利起士（芝士）絲少許

頂級初榨橄欖油少許

作法

1 將橄欖油倒入深口大平底鍋以小火加熱，加上大蒜、迷迭香與辣椒拌炒，直到大蒜變色。

2 倒入番茄泥與鷹嘴豆，翻炒 2 ～ 3 分鐘後加入高湯。煮至沸騰後轉小火，再慢燉 15 分鐘。

3 取一半作法 2 的備料放進食物料理機打成軟泥，再倒回鍋裡。煮至沸騰後，視口味加點鹽。

4 加入寬麵烹煮，不停攪拌直到濃稠。若是看起來太乾，可倒入少許滾水，但仍須看起來比一般湯品濃稠，比一般義大利麵濕潤。

5 上菜前，起鍋放置 2 ～ 3 分鐘，撒上現刨帕瑪森起士絲，與幾撮特級初榨橄欖油即可食用。

🍜 多一味

香腸鷹嘴豆義大利麵湯
Sausage, Chickpea & Pasta Soup

1 將高級豬肉腸 4 條烤至脆口的棕色，切片。

2 鋪上洋香菜末 1 大匙與刨成細絲的無蠟檸檬皮 1/4 顆，加入麵湯即可。

療癒系肉湯
Feel-Good Broth

🕐 準備時間：2 分鐘

🍳 烹調時間：25 分鐘

👨👩👧👩

材料

去骨去皮清雞胸肉 2 塊（約 300 克）

冷雞肉高湯 900 毫升

檸檬片 1 片

麝香草 2 大匙（粗切）

鮮肉義大利肉餃或餛飩 250 克

鹽與黑胡椒少許

現刨帕瑪森起士（芝士）絲備用

作法

1 雞胸肉、高湯與麝香草放入深口平底鍋中，以微火慢燉（鍋中應只見小滾不見泡沫）。

2 上蓋慢煮 15 ～ 16 分鐘，直至雞肉變白熟透。

3 以漏杓將雞肉自湯中取出，置入盤中，取出檸檬片。等雞肉冷卻，切大塊。

4 將高湯以快火煮沸，並以鹽與黑胡椒調味。加入麵條烹煮 2 ～ 3 分鐘，最後放入切塊雞肉，再煮 1 分鐘。

5 趁熱撒上大量帕瑪森起士絲後上菜。

🥄 多一味

療癒系雞肉湯加蛋
Chicken Broth with Egg

1 打入 2 顆蛋，當麵條煮好之後立即倒出湯。

2 緩慢均勻地將湯細細注入打好的蛋中，攪拌一下。

3 鋪上龍蒿葉碎 2 大匙即可上菜。

義式培根博羅特豆湯
Pancetta & Borlotti Soup

🕐 準備時間：15 分鐘，含浸泡時間

🕐 烹調時間：35 分鐘

👨‍👩‍👧‍👧

材料

乾燥牛肝蕈菇（牛肝菌）15 克

滾水 200 毫升，橄欖油 1 大匙

義大利培根 75 克（切塊）

洋蔥 1 小顆（剁碎），胡蘿蔔 1 根（剁碎）

西芹梗 1 根（剁碎），迷迭香枝 2 根（剁碎）

罐裝博羅特豆 400 克（清洗瀝乾）

紅酒 200 毫升，番茄泥 1 大匙

雞肉高湯 1 公升

乾燥形小的義大利麵 175 克

鹽與黑胡椒少許

裝飾

現刨帕瑪森起士（芝士）絲少許

特級初榨橄欖油少許

作法

1 牛肝蕈菇與適量的水放入小型耐熱鍋，確認牛肝蕈菇被水充分浸蓋。浸泡約 15 分鐘後，瀝乾並保留浸水，擠出牛肝蕈菇上多餘的水分。

2 將橄欖油倒入大型深口平底鍋，以慢火加熱，加入培根、洋蔥、胡蘿蔔與西芹，不時攪拌慢煮 10 分鐘。

3 轉中火後加入大蒜、迷迭香、牛肝蕈菇，攪拌烹煮 1 分鐘，再加入豆類與紅酒，再以快火使大部分紅酒揮發。

4 拌入番茄泥，讓牛肝蕈菇吸飽高湯。煮沸後再轉小火慢燉 10 分鐘。

5 上菜前先以快火將湯品煮沸，並以鹽和黑胡椒調味。加入義大利麵烹煮攪拌，直至濃稠。

6 湯先起鍋，閒置 2 ～ 3 分鐘，再加上帕瑪森起士絲與頂級初榨橄欖油。

 多一味

蒜香拖鞋麵包
Chunky Ciabatta Croutons

1 厚實拖鞋麵包切成 4 大塊，塗上橄欖油 2 大匙與搗碎大蒜泥（約 2 瓣量）。

2 放入預熱至 180℃ 的烤箱，烤 10 分鐘後取出。撒上迷迭香碎末 2 茶匙，再放回烤箱烤 10 分鐘直至金黃酥脆。趁熱食用。

蠶豆羊奶起士蝴蝶麵沙拉
Broad Bean & Goats' Cheese Salad

🕐 準備時間：5 分鐘

🍲 烹調時間：15 ～ 20 分鐘

👫👫👧

材料

熟成番茄 250 克

大蒜瓣 2 片（剝皮）

特級初榨橄欖油 5 大匙

高級陳年葡萄醋 1 大匙

去殼蠶豆 300 克（新鮮或冷凍）

乾燥蝴蝶麵 300 克

羊奶起士（芝士）200 克（碾碎）

羅勒葉 20 片（撕碎）

鹽與黑胡椒少許

作法

1 番茄與大蒜放入食物處理機，充分打碎。

2 倒入大碗中，與橄欖油和葡萄醋均勻攪拌，並以鹽和黑胡椒調味。

3 將蠶豆放入平底鍋以滾水煮軟（新鮮蠶豆需煮 6 ～ 8 分鐘，冷凍則只需 2 分鐘），瀝乾。

4 作法 3 的備料放入冷水中，待涼後再次瀝乾。去皮後放進番茄泥裡，利用煮麵時間，讓蠶豆浸潤吸收調味。

5 取大平底鍋，將蝴蝶麵放入加了鹽的滾水中烹煮，直至濃稠。瀝乾，以冷水醒麵，再瀝乾。

6 將蝴蝶麵拌入蠶豆番茄泥中，加入羊奶起士與羅勒葉，稍微搖勻。調味，5 分鐘後即可上菜。

🥄 **多一味**

大豆與佩克里諾起士蝴蝶麵
Fresh Soya Bean & Pecorino Farfalle Salad

1 準備上述食譜的番茄大蒜泥，以大豆 250 克（新鮮或冷凍）取代蠶豆，烹煮 3 分鐘。

2 以佩克里諾起士削片 60 克與剁碎薄荷 3 大匙（或寬葉巴西里）取代羅勒。

義大利方餃佐甜菜沙拉
Warm Ravioli Salad with Beetroot

🕐 準備時間：10 分鐘
⏱ 烹調時間：12 分鐘

👪👧👨👩

材料

特級初榨橄欖油 4 大匙

紅洋蔥 2 顆（切細絲）

大蒜瓣 2 片（切薄片）

新鮮菠菜和瑞可塔義大利方餃 500 克

甜菜 375 克（以天然菜汁煮熟後瀝乾切丁）

鹽水酸豆 2 大匙（清洗並瀝乾）

高級陳年葡萄醋 2 大匙

鹽適量

作法

1 橄欖油 2 大匙放入大炒鍋以中火加熱，倒入洋蔥與大蒜，不時拌炒 10 分鐘直至呈金黃色。

2 同時，將義大利餃放入大平底鍋，用加了鹽的滾水煮至濃稠。瀝乾，並用作法 1 鍋底剩下的油稍微過一下餃子。

3 甜菜、酸豆與葡萄醋撒入作法 1 的備料，充分熱熟後把麵拌入，再移至大碗（包含煮出來的湯汁），放冷 5 分鐘。

4 將苦葉類沙拉蔬菜（如菊苣、菊苣根、芝麻菜、美生菜等）、歐芹、巴西里葉混合，放置碗盤內。

5 裝入義大利餃，隨喜好撒上佩克里羊奶起士（芝士）刨絲。

🥄 **多一味**

筆管麵與甜菜瑞可塔起士
Penne Salad with Beetroot & Ricotta

1 以筆管麵 200 克取代義大利餃，如上述將麵煮熟後混合醬料。

2 最後再放上瑞可塔起士 100 克即可食用。

春日庭園義麵沙拉
Spring Garden Pasta Salad

🕐 準備時間：10 分鐘

🍳 烹調時間：10 ～ 12 分鐘

👫👫👫

材料

特級初榨橄欖油 4 大匙

大蒜瓣 1 片（搗碎）

無蠟檸檬 1/2 顆（取皮磨碎）

檸檬汁 1/2 顆的量

大蔥 6 根（切薄片）

乾燥螺旋麵 175 克

蘆筍尖 150 克（切成 2.5 公分）

四季豆 150 克（切成 2.5 公分）

去莢碗豆 50 克（新鮮或冷凍）

水牛莫札瑞拉起士（芝士）1 球（去水分並撕小塊）

西洋菜（水芥）50 克

寬葉巴西里 2 大匙（粗切）

韭菜碎 2 大匙

羅勒葉 8 片

鹽與黑胡椒少許

作法

1 橄欖油、大蒜、檸檬皮、檸檬汁及大蔥放在非金屬製的大碗中均勻攪拌，靜置。利用煮義大利麵的時間使其入味。

2 同時以大平底鍋，放入加鹽的滾水煮義大利麵至濃稠。隨後加入蘆筍、豌豆、四季豆至鍋內一起煮 3 分鐘，即可起鍋。

3 稍微瀝乾煮好的麵與蔬菜，拌入作法 1 的備料中，靜置冷卻至室溫。

4 將剩下的食材倒進沙拉缽內，並以鹽、黑胡椒調味，放置最少 5 分鐘，讓食材充分入味後上菜。

🥄 **多一味**

甜豌豆荷蘭豆沙拉
Sugar Snap Pea & Broad Bean Salad

1 以甜豌豆 150 克代替蘆筍，以荷蘭豆 150 克取代四季豆。

2 將甜豌豆剖半，並在煮麵的最後 3 ～ 5 分鐘全數倒入鍋中一起煮。以芝麻菜 50 克取代西洋菜。

茄子櫛瓜義麵沙拉
Aubergine & Courgette Pasta Salad

🕐 準備時間：10 分鐘，含醃製入味

🥄 烹調時間：25 分鐘

👪👨👧👩

材料

茄子 1 條（橫切成 1 公分小段）

櫛瓜（翠玉瓜）／小胡瓜 2 條（橫切成 1 公分小段）

特級初榨橄欖油 100 毫升

高級陳年葡萄醋 1 大匙

大蒜瓣 3 片（剁碎）

羅勒 20 克（粗切）

薄荷葉 20 克（粗切）

鹽水酸豆 2 大匙（洗淨瀝乾）

新鮮紅彩椒 1 顆（去籽並切細）

松子 40 克

義大利海鹽 200 克

作法

1 將燒烤盤以大火烤熱至冒煙。茄子與櫛瓜放入裝 4 大匙橄欖油的碗中，再分批放到燒烤盤上，每面烤 1 ～ 2 分鐘，直到完全軟熟。

2 移開燒烤盤前，先將櫛瓜切 3 段，茄子切對半。分批連油汁移到碗中，與葡萄醋、大蒜、酸豆、羅勒、薄荷葉與紅彩椒充分混和，再以鹽調味，放置最少 20 分鐘以入味（甚至上蓋放入冰箱至隔夜）。

3 松子撒入乾炒鍋，小火均勻攪拌 2 ～ 3 分鐘，直到呈金黃色。拌入已完成之蔬菜混合物。

4 用大平底鍋以加鹽滾水煮貝殼麵，直至濃稠，以冷水醒麵。充分瀝乾後鋪在沙拉上。靜置 10 分鐘等待入味即可。

 多一味

紅彩椒蘆筍沙拉
Red Pepper & Asparagus Salad

1 取紅椒 2 顆與蘆筍 150 克取代茄子與櫛瓜。

2 紅椒去籽切細條，蘆筍切小塊瀝乾。

3 先烤紅彩椒與蘆筍，其餘程序如前述作法。

朝鮮薊豌豆薄荷沙拉
Artichoke, Pea & Mint Salad

🕐 準備時間：10 分鐘，含入味時間

🕐 烹調時間：10 分鐘

👩👩👩👩

材料

義大利麵 250 克（形狀小的麵，如螺旋麵）

冷凍豌豆粒 250 克（需退冰）

特級初榨橄欖油 5 大匙

大蔥 6 根（粗切）

大蒜瓣 2 片（碾碎）

瓶裝醃漬朝鮮薊心 8 個（瀝乾切粗片）

剁碎薄荷葉 4 大匙

無蠟檸檬 1/2 顆（榨汁，皮刨絲留作裝飾）

鹽與黑胡椒少許

作法

1 以大平底鍋盛加鹽滾水煮義大利麵，直至濃稠。加入豌豆再煮 3 分鐘起鍋，充分瀝乾。

2 同時，倒橄欖油 2 大匙於炒鍋中以中火加熱，放大蔥與大蒜，攪拌 1 ～ 2 分鐘直到熟軟。

3 將朝鮮薊、薄荷與剩下的油拌入豌豆與麵中，充分翻攪，以鹽與黑胡椒調味，靜置10 分鐘入味。

4 拌入檸檬汁，趁熱上菜，並以檸檬皮碎點綴。

🍲 **多一味**

義式生火腿＋蘆筍＋豌豆＋薄荷沙拉
Prosciutto, Asparagus, Pea & Mint Salad

1 以嫩蘆筍 250 克與生火腿 150 克取代朝鮮薊。

2 將蘆筍硬核部分削去，並蒸 3 ～ 5 分鐘（依照蘆筍硬度斟酌）。

3 火烤生火腿直至酥脆。其餘食材處理程序如上述作法。

4 把蘆筍鋪上，將生火腿隨意置四周即可上菜。

香草豌豆希臘起士沙拉
Herby Bean & Feta Salad

🕐 準備時間：15 分鐘

🕐 烹調時間：10 ～ 12 分鐘

👭

材料

乾燥筆管麵（或其他形狀義大利麵）200 克

去殼大荷蘭豆 200 克（新鮮或冷凍）

半風乾番茄 50 克（泡油瀝乾後粗切）

綜合香草 1 把（如巴西里、龍蒿、細葉香芹、
韭菜等）粗切

菲達起士（芝士）50 克（切粗塊）

鹽與黑胡椒少許

醬料

特級初榨橄欖油 2 大匙

雪莉酒醋 1 大匙

顆粒芥末籽醬 1/2 茶匙

作法

1 以大平底鍋與加鹽沸水煮義大利麵，直至
濃稠。瀝乾，以冷水過麵再瀝乾。

2 同時在另一平底鍋裝微鹽沸水，煮大荷蘭
豆 4 ～ 5 分鐘直至熟軟。瀝乾並注入冰
水快速冷卻，去皮。

3 將醬料原料放入小碗，並以鹽和黑胡椒調
味。

4 作法 2 的備料放置盤中，拌入義大利麵、
番茄與碎香草。淋上醬料，以黑胡椒撒在
起士周圍並調味，立即上菜。

🥄 多一味

豌豆與雙重起士義大利麵沙拉
Bean & Two Cheeses Pasta Salad

水牛莫札瑞拉起士 150 克與戈貢佐拉起
士 50 克取代菲達起士，切塊撒至沙拉
上。

Meat & Poultry
紅肉與禽肉

西班牙臘腸蛋奶麵
Chorizo Carbonara

🕐 準備時間：5 分鐘

🕑 烹調時間：18 ～ 20 分鐘

材料

西班牙臘腸 125 克（切片）

橄欖油 1 大匙

乾燥義大利筆管麵 375 克

蛋 4 顆

帕瑪森起士（芝士）50 克（另準備現刨上菜用）

鹽與黑胡椒少許

作法

1 將西班牙臘腸與橄欖油一起放入炒鍋，以微火煎煮，不時翻轉直至臘腸酥脆（臘腸煎出來的油將是本道菜的醬料精華）。

2 用大平底鍋裝加鹽沸水煮麵，直至濃稠。

3 蛋打入碗中，加入帕瑪森起士絲，以鹽調味，撒上大量研磨胡椒，以叉子拌勻。

4 在麵快煮好前，把炒鍋的火加大，讓臘腸融出的油吱吱作響。

5 將瀝乾的筆管麵倒回平底鍋，並立即將打好的蛋混合物與炒鍋中的熱油臘腸一起攪入鍋內，快速攪拌讓蛋均勻煮熟。趁熱上菜，並佐現刨帕瑪森起士。

🥘 **多一味**

辣味肉腸與韭菜蛋奶麵
Spicy Chorizo & Leek Carbonara

1 韭菜切細碎，取 2 大匙放入炒鍋煮 6 ～ 8 分鐘，直至熟軟。

2 倒入臘腸如上述作法 1 方式，紅辣椒粉（paprika）1/2 茶匙加至打蛋混合物，依序完成料理過程。

燻鹹肉菠菜軟起士螺旋麵
Speck, Spinach & Taleggio Fusilli

🕐 準備時間：5 分鐘

🕑 烹調時間：15 分鐘

👪👧

材料

乾燥螺旋麵 375 克

切片燻鹹肉 100 克

塔雷吉歐軟起士（芝士）150 克（切小塊）

特濃鮮奶油 150 毫升

嫩菠菜 125 克（粗切）

鹽與黑胡椒少許

現刨帕瑪森起士絲酌量

作法

1 將螺旋麵以加鹽沸水在大平底鍋內煮至濃稠。同時，燻鹹肉切成寬片。

2 義大利麵瀝乾，放回平底鍋內，加入燻鹹肉、軟起士、鮮奶油與菠菜，一起加熱直到起士融化。

3 以大量研磨黑胡椒調味，隨喜好加上帕瑪森起士。

🥣 **多一味**

莫札瑞拉起士與火腿螺旋麵
Mozzarella & Ham Fusilli

以莫札瑞拉起士 150 克取代塔雷吉歐起士，以黑森林火腿 100 克取代燻鹹肉（莫札瑞拉起士較沒有塔雷吉歐起士的嗆鼻味）。

蒜末辣椒紅醬義大利麵
Pasta Arrabiata with Garlic Crumbs

🕐 準備時間：5 分鐘
🕐 烹調時間：30 分鐘
👫👫👫👫👫

材料

橄欖油 3 大匙

西式油蔥酥 2 片（剁碎）

無煙燻義式培根（煙肉）8 片（剁碎）

碾碎乾辣椒 2 茶匙

罐裝切塊番茄 500 克

乾燥義大利麵 400 ～ 600 克（隨喜好選擇
麵條款式）

鹽與黑胡椒少許

巴西里數小枝（裝飾用）

麵包屑

白麵包 4 片（去硬邊）

奶油（忌廉）125 克

大蒜瓣 2 片（剁碎）

作法

1 橄欖油放入平底鍋以中火加熱，放入油蔥
末與培根均勻炒熱 6 ～ 8 分鐘，直到顏
色轉金黃。

2 加入辣椒與番茄，鍋蓋半掩，小火燉 20
分鐘，直到醬料變少而濃稠。以鹽與黑胡
椒調味。

3 同時，在大平底鍋以加鹽沸水煮義大利
麵，直至濃稠。

4 製作麵包屑：白麵包丟入食物處理機打成
碎片。奶油入炒鍋以中大火融化，倒入麵
包碎與大蒜拌炒，直至金黃酥脆。注意別
把麵包炒焦，否則整道菜將因此失敗。

5 瀝乾義大利麵，淋上番茄醬汁，撒上帕瑪
森起士，綴上巴西里，即可上菜。

 多一味

彩椒紅醬義大利麵
Pepper Arrabiata

1 火烤紅椒 3 顆，約 10 分鐘，或直至
表皮變黑。

2 剝去焦黑的皮，取果肉剁碎，加上番
茄碎 250 克，如上烹調程序即成。

經典波隆那肉醬麵
Classic Bolognese

🕐 準備時間：10 分鐘

🍴 烹調時間：4 ～ 6 小時

👩👩👩👩

材料

無鹽奶油（無鹽牛油）25 公克

橄欖油 1 大匙，洋蔥 1 小顆（剁碎）

西芹梗 2 根（剁碎），胡蘿蔔 1 根（剁碎）

月桂葉 1 片，瘦牛絞肉 200 克

瘦豬絞肉 200 克，干白酒 150 毫升

牛奶 150 毫升，肉豆蔻 1 大把（新鮮研磨）

罐裝水漬切塊番茄 2 罐（400 公克裝）

雞高湯 400 ～ 600 毫升

乾燥或現做緞帶麵 400 克或 1 份 3 顆蛋的麵團（參見第 8 頁）

鹽與黑胡椒少許

現刨帕瑪森起士（芝士）適量

作法

1 奶油與橄欖油倒入深口大平底鍋，以小火熱鍋。

2 倒入洋蔥、西芹、胡蘿蔔及月桂葉，均勻翻炒 10 分鐘，直至熟軟（但未變色）。

3 加入肉品，以鹽和黑胡椒調味，以中火烹煮直至肉全熟。倒白酒，烹煮至沸點，轉小火慢燉 15 分鐘，直至白酒揮發。

4 將牛奶攪拌進鍋中，加入肉豆蔻，再燉 15 分鐘，直到牛奶完全蒸發。

5 拌入番茄繼續烹煮，不上蓋，以微火慢燉 3 ～ 5 個小時。當肉汁極為濃稠，開始黏鍋時，倒入高湯 100 毫升，視情況斟酌補加高湯次數。

6 在平底鍋以加鹽沸水煮緞帶麵直至濃稠

（乾燥緞帶麵需煮 2 分鐘），充分瀝乾後，置於開水中備用（水量超過麵表面）。

7 將作法 5 的爐火轉小火，加入醬料攪拌 30 秒，倒入備用的緞帶麵並攪拌直到麵條充分沾上肉汁、表面油亮，撒上現刨帕瑪森起士即可。

 多一味

豬肉雞肝肉醬麵
Rich Pork & Chicken Liver Bolognaise

1 取雞肝及義大利培根（煙肉）各 100 克，切丁。如同作法 1 與洋蔥一起烹煮。

2 以豬絞肉 200 克取代牛肉部分，如上述烹調程序即可。

花椰菜香腸貓耳朵麵
Broccoli & Sausage Orecchiette

🕐 準備時間：5 分鐘
🕐 烹調時間：15 分鐘

👩👩👩

材料

橄欖油 2 大匙
洋蔥 1 顆（剁碎）
義大利肉腸 200 克
碾碎辣椒乾 1 大把
乾燥貓耳朵麵 300 克
青花菜（西蘭花）200 克（削小朵）
佩克里諾起士（芝士）40 克（現刨備用）
鹽適量

作法

1 油倒入炒鍋以小火加熱，放進洋蔥攪拌烹煮約 6～7 分鐘，直至熟軟。

2 拆開義大利肉腸，以叉子弄成碎塊。將肉腸塊與乾辣椒放進鍋內，並轉至中火，攪拌烹煮約 4～5 分鐘，直到肉腸塊顏色轉褐。

3 同時，以大平底鍋裝加鹽沸水煮貓耳朵麵與青花菜，不需理會青花菜是否碎化，因為必須充分煮到熟軟。

4 瀝乾貓耳朵與青花菜，與煎過的肉腸塊一起放入炒鍋。拌入佩克里諾起士，即可裝碗，還可以另搭一碗現刨佩克里諾起士佐麵。

🥄 多一味

白花椰菜與西班牙臘腸貓耳朵麵
Cauliflower & Chorizo Sauce

取西班牙臘腸 200 克切片取代義大利肉腸，以白花椰菜（椰菜花）250 克削小朵取代青花菜，如上料理程序即可完成。

番茄洋蔥培根吸管麵
Pancetta, Tomato & Onion Bucatini

🕐 準備時間：5 分鐘
🕐 烹調時間：1 小時

👪👪

材料

橄欖油 1 大匙

洋蔥 1 顆（剁碎）

義大利培根（煙肉）丁 125 克

大蒜瓣 2 片（剁碎）

乾紅椒 1 顆（剁碎）

罐裝切塊番茄（400 克）2 罐

乾燥吸管麵 400 克

現刨帕瑪森起士（芝士）或佩克里諾起士絲
酌量

鹽與黑胡椒少許

作法

1 將橄欖油、洋蔥與吸管麵放進炒鍋以小火
攪拌慢煮約 7 ～ 8 分鐘，直至洋蔥熟軟
且麵條轉金黃色。

2 加入大蒜與紅椒再煮 1 分鐘，隨後拌入
番茄。

3 以鹽與黑胡椒調味後煮沸。轉小火慢燉約
40 分鐘，當醬汁變黏稠時，加一點水，
醬料即成。若醬汁已事先備好，食用前請
充分加熱。

4 將吸管麵放進大平底鍋，以加鹽沸水煮至
濃稠。瀝乾後，放入開水內，隨後將麵倒
回醬汁鍋中。

5 以中火將醬料與麵條合併攪拌，並倒入煮
麵水少許，不停攪拌至麵條充分沾料，表
面油亮。

6 隨喜好加上現刨的帕瑪森起士或佩克里諾
起士。

🥄 多一味

蘑菇與核桃吸管麵
Mushroom & Walnut Bucatini

1 準備洋蔥 1 顆與蘑菇 350 克取代義大
利培根。蘑菇切丁，並與洋蔥在炒鍋
中一起炒到完全出水。

2 如上述準備醬料其他程序，佐以帕瑪
森起士或佩克里諾起士，以及碎核桃
粒 50 克，即可上菜。

龍蒿雞肉鳥巢麵
Chicken & Tarragon Tagiatelle

🕐 準備時間：15 分鐘

🕐 烹調時間：10 ～ 15 分鐘

👨👨👩👩

材料

去骨去皮清雞胸肉 3 塊（約 450 克，切細條）

大蒜瓣 1 片（剁碎）

無蠟檸檬 1 顆（取皮刨絲）

橄欖油 1 大匙

冷凍荷蘭豆 125 克（退冰去皮）

法式鮮奶油（鮮忌廉）250 毫升

粗切龍蒿 2 大匙

乾燥或自製義大利鳥巢麵 400 克（用 1 份含
3 顆蛋的義大利麵團，見第 8 頁）

鹽與黑胡椒適量

作法

1 將雞胸肉條、大蒜與檸檬果皮半顆（含榨
汁）放進非金屬製大缽，充分沾勻後靜置
冷卻，等待 15 分鐘使其入味。

2 在大炒鍋中以大火熱油，雞肉用鹽和黑胡
椒調味後放入鍋中快炒約 2 分鐘。加入
荷蘭豆繼續攪拌烹煮，直到雞肉熟透並呈
金黃色。

3 拌入法式鮮奶、龍蒿以及作法 1 的備料。
以鹽和黑胡椒調味，待醬汁達沸點立即
起鍋。

4 以大平底鍋裝加鹽沸水煮鳥巢麵，直至濃
稠（乾燥麵需要多煮 2 分鐘）。麵充分
瀝乾後放冷開水中備用。

5 將麵放進醬料中，轉小火並使其充分混
合。若醬汁看來太乾，加點醒麵的開水使
其保持一定的潤澤度。

🥄 **多一味**

鮭魚蒔蘿鳥巢麵
Salmon & Tarragon Tagliatelle

無骨去皮鮭魚（三文魚）片切 400 克取
代雞胸肉，並以青豆切小段取代荷蘭豆，
以蒔蘿碎 2 大匙取代龍蒿，如上烹調程
序即可。

豬肉丸緞帶麵
Fettuccine with Pork Meatball

⏱ 準備時間：20 分鐘

🕐 烹調時間：45 分鐘

🧑‍🤝‍🧑🧑🧑🧑

材料

乾燥緞帶麵或鳥巢麵 400 克

白麵包 1 片（去邊，手剝成小塊）

牛奶 3 大匙，豬絞肉 300 克

雞蛋 1 顆，洋蔥 1/2 顆（切細末）

剁碎大巴西里葉 2 大匙

鹽 1/2 茶匙，橄欖油 4 大匙

大蒜瓣 1 片（拍碎）

罐裝切塊番茄（400 克）2 罐

瓶裝烘焙胡椒粒 100 克

乾燥奧勒岡葉 1 大匙，白砂糖 1 大把

鹽與黑胡椒適量

特級初榨橄欖油適量（裝飾用）

作法

1 製作豬肉丸：麵包浸入牛奶 5 分鐘，擠出牛奶後以手指弄碎麵包放入碗中。加入豬肉、雞蛋、洋蔥與巴西里葉，拌入鹽，充分混合後揉成肉丸球。上蓋並靜置至少 20 分鐘。

2 製作醬料：橄欖油 2 匙倒入寬平底鍋以小火加熱，加上大蒜煮 1 分鐘。再加番茄、胡椒、奧勒岡與白砂糖煮至沸點。轉小火並以鹽和黑胡椒調味。上蓋以小火繼續燉 10 分鐘即成。

3 將剩下的橄欖油 2 匙放入炒鍋中開大火，分批放入肉丸，煎煮至黃褐色。倒水 1 杯入炒鍋，大火煮沸，把鍋底沾黏的肉丸剷乾淨，倒入作法 2 的醬汁後轉小火上蓋，再慢燉 20 分鐘。

4 在醬汁快完成時，以大平底鍋裝加鹽沸水煮緞帶麵至濃稠。充分瀝乾後倒入作法 3，灑上幾撮特級初榨橄欖油即可上菜。

 多一味

麵食搭配經典綜合青豆沙拉
Classic Mixed Green Salad

---

1 取青椒 1 顆去籽切片，包心菜心 2 顆切碎，大蔥 4 顆切末，小黃瓜 1/2 條切片。

2 作法 1 的肉丸與西洋菜 50 克充分混合，淋上一點橄欖油與葡萄酒醋。

蘆筍培根蝴蝶麵
Asparagus & Bacon Farfalle

🕐 準備時間：10 分鐘

🕐 烹調時間：15 分鐘

👨👧👨👩

材料

蘆筍 400 克（削去硬皮）

大蒜瓣 1 片（碾碎）

橄欖油 4 大匙

帕瑪森起士（芝士）50 克（刨絲）

五花培根（煙肉）或煙燻培根片 8 片

乾燥蝴蝶麵 400 克

鹽與黑胡椒少許

新鮮帕瑪森起士削片（上菜備用）

作法

1 蘆筍尖切下備用。將去頭蘆筍切成 2.5 公分小段，放進平底鍋以沸水煮約 3 ～ 4 分鐘至熟軟。

2 瀝乾後放進食物處理機，加入大蒜、橄欖油與帕瑪森起士，打成軟泥。以鹽與黑胡椒調味。

3 培根肉片置於烤盤，放在預熱好的烤架火烤 5 ～ 6 分鐘，直至金黃酥脆。切成 2.5 公分小段。

4 同時以大平底鍋裝加鹽沸水煮蝴蝶麵，加入備用蘆筍尖再煮 3 分鐘，直至蝴蝶麵完成。

5 瀝乾蝴蝶麵後放入碗中，並拌入蘆筍醬汁。撒上酥脆培根片與帕瑪森起士片。

🍲 **多一味**

奶油櫛瓜培根蝴蝶麵
Creamy Courgette & Bacon Farfalle

1 跳過蘆筍部分，並於煮麵與火烤培根的同時，在平底鍋加入奶油 25 克拌炒小櫛瓜（翠玉瓜）250 克。

2 將炒好的奶油櫛瓜與酥脆培根片，與低脂奶油 4 大匙一起拌入蝴蝶麵。

燻鹹肉菊苣洋蔥螺旋麵
Radicchio, Speck & Onion Fusilli

準備時間：10 分鐘

烹調時間：25 分鐘

材料

特級橄欖油 5 大匙（另留少量上菜備用）

洋蔥 1 顆（切細絲）

燻鹹肉片 125 克（切條）

大蒜瓣 1 片

菊苣 200 克（切碎）

乾燥螺旋麵 400 克

鹽與黑胡椒少許

作法

1 於大炒鍋中以小火熱油，加入洋蔥烹煮，
均勻攪拌 6 ～ 7 分鐘直至熟軟。

2 轉至大火加入燻鹹肉、大蒜與菊苣，再煮
4 ～ 5 分鐘直到菊苣出水變軟。以鹽與黑
胡椒調味。

3 以大平底鍋裝加鹽沸水煮螺旋麵，直至濃
稠。瀝乾後，放入開水中備用。

4 將炒好的作法 2 的備料放回炒鍋中，以
小火拌入螺旋麵。充分混合後，加入醒麵
的開水持續攪拌，直到螺旋麵均勻沾上油
亮醬料。

5 最後淋上幾撮橄欖油即可。

🥄 多一味

大蔥醃豬腿麵
Spring Greens & Gammon with Pasta

1 醃豬腿 125 克切細，取代燻鹹肉；大
蔥 200 克切細，取代菊苣。

2 如上述烹調程序，在醬料中加入葡萄
酒醋 2 大匙即可上菜。

烤肉肉醬麵
Roast Meat Ragù

🕐 準備時間：15 分鐘

🕐 烹調時間：45 ～ 55 分鐘

👥👥👥👥

材料

無鹽奶油（無鹽牛油）25 克

橄欖油 1 大匙

洋蔥 1 小顆（剁碎）

西芹梗 1 根（剁碎）

胡蘿蔔 1 根（剁碎）

剁碎麝香草 2 大匙

壓碎乾辣椒 1 大把

大蒜瓣 2 片（拍碎）

烤牛肉（或羊、豬、禽肉）300 克（切片或切條）

干白酒 200 毫升

罐裝番茄 400 克

肉高湯 200 毫升

剁碎寬葉巴西里 2 大匙

無蠟檸檬 1 顆（取皮刨絲）

特級橄欖油 2 大匙（另備少許上菜用）

乾燥義大利大寬麵 400 克，或以 1 份麵團加 3 顆蛋之自製雞蛋大寬麵（見第 8 頁）

鹽少許

現刨帕瑪森起士（芝士）酌量

作法

1 用深口大平底鍋以小火加熱奶油與橄欖油，放進洋蔥、西芹、胡蘿蔔煮 10 分鐘直至熟軟，但尚未變色。

2 漸轉至大火，加入麝香草、辣椒、大蒜與肉品烹煮，快速攪拌 30 秒。倒入白酒並以快火煮 2 分鐘後，加上番茄與高湯，以鹽調味。

3 將鍋中物煮到沸點後轉小火，不上鍋蓋，以小火慢燉 30 ～ 35 分鐘煮到濃稠。

4 移開爐火，拌入碎巴西里葉、檸檬皮碎以及特級初榨橄欖油，上蓋。

5 同時，以大平底鍋裝加鹽沸水，煮大寬麵直至濃稠（若為自製麵只需 2 分鐘）。瀝乾後放回鍋內，拌入醬料，隨喜好加上特級初榨橄欖油、斟酌撒上帕瑪森起士絲。

🥣 **多一味**

簡易的櫛瓜沙拉
Simple Courgette Salad

取結實小櫛瓜（翠玉瓜）4 條，粗切，拌以碾碎巴西里葉 6 片與切碎青蔥 1 根，淋上橄欖油，撒上萊姆角，即可當作配菜享用。

豌豆薄荷燻鹹肉水管麵
Peas, Speck & Mint Rigatoni

🕐 準備時間：10 分鐘

🕑 烹調時間：15 分鐘

材料

無鹽奶油（無鹽牛油）25 克

橄欖油 2 大匙

紅洋蔥 2 顆（切小丁）

煙燻鹹肉片 100 克

干白酒 200 毫升

去莢豌豆 400 克（若為冷凍，請先解凍）

薄荷 2 大匙（粗切，留幾葉作裝飾）

水管麵 400 克

鹽與黑胡椒適量

新鮮帕瑪森起士（芝士）片（上菜備用）

作法

1 將奶油置於炒鍋以中火融開，加入紅洋蔥，拌炒 5 分鐘。

2 加入鹹肉片，快速攪拌炒 2 ～ 3 分鐘直到酥脆。倒入白酒，轉小火煮 2 分鐘直到湯汁收乾。

3 加入豌豆與薄荷快炒 5 分鐘（解凍豌豆則只需 2 分鐘）。以鹽巴與黑胡椒調味。

4 同時，以大平底鍋裝加鹽水煮沸，倒入水管麵煮至濃稠。快速瀝乾，放入作法 3 的豌豆混合物中，加上帕瑪森起士、點綴幾片薄荷葉。

🍲 **多一味**

義大利培根與球芽甘藍薄荷麵
Pancetta, Mint & Brussels Sprouts Pasta

以義大利培根（煙肉）切片 100 克取代燻鹹肉，將球芽甘藍 200 克切開與培根同煮 2 分鐘，再加白酒，如上烹調程序即可完成。

肉腸番茄筆管麵
Penne with Sausage & Tomato

🕐 準備時間：5 分鐘
🕐 烹調時間：45 分鐘

👫👫👫

材料

橄欖油 2 大匙

洋蔥 1 大顆（剁碎）

義大利豬肉腸 250 克

乾辣椒 1 根（切碎）

小茴香籽 1/2 小匙

西芹梗 1 根（保持完整）

月桂葉 1 片

紅酒 200 毫升

罐裝切塊番茄 625 克

牛奶 4 大匙

乾燥筆管麵或筆管麵 400 克

鹽適量

現刨帕瑪森或佩克里諾起士（芝士）絲（上菜用）

作法

1 在炒鍋中以小火熱油，加入洋蔥慢炒約 6～7 分鐘，直至熟軟。

2 將肉腸外膜拆開，以叉子挖取肉塊，把肉塊、小茴香籽與辣椒放進鍋內，轉中火攪拌，炒 4～5 分鐘，直到肉腸塊顏色轉金黃褐色。

3 加入西芹、月桂葉、紅酒，以小火慢燉直到大部分紅酒揮發。

4 拌入番茄塊，以鹽調味，煮至沸點。轉小火，再慢燉 25～30 分鐘直至濃稠。拌入牛奶，繼續以小火燉 5 分鐘。取出西芹與月桂葉。

5 同時，以大平底鍋裝加鹽沸水煮麵，直至濃稠。

6 瀝乾義大利麵，拌入醬料汁。搭配現切帕瑪森或佩克里諾起士，即可享用。

 多一味

茄子肉腸橄欖筆管麵
Aubergine Sausage & Olive Penne

1 取茄子 1 條，切細片，放進作法 2 的肉腸塊炒鍋中，如上程序繼續料理。

2 完成時在醬料上撒下黑橄欖 25 克即成。

核桃肉腸鳥巢麵
Chestnut & Sausage Tagliatelle

🕐 準備時間：10 分鐘

🍳 烹調時間：10 ～ 20 分鐘

👫👭👩

材料

義大利豬肉腸 200 克

罐裝或真空包裝核桃 75 克（瀝乾後碾成粗顆粒）

麝香草 2 大匙（粗切）

特濃鮮奶油（鮮忌廉）200 毫升

鳥巢麵 400 克（乾燥或 1 份含 3 顆蛋的自製麵團）

帕瑪森起士（芝士）絲 50 克，現刨並另預留少許上菜用

牛奶 5 大匙

鹽與黑胡椒適量

新鮮麝香草小株（裝飾用）

作法

1 拆開肉腸外膜，用叉子挖取肉塊。以小火熱深口炒鍋，放進肉腸塊，拌炒至呈金黃色（肉腸本身會炒出油脂，不會讓肉塊黏鍋）。

2 將火轉至大火，拌入核桃粒與麝香草，快炒 1 ～ 2 分鐘，核桃上色後倒入鮮奶油，慢煮 1 分鐘至稍微濃稠。

3 以大平底鍋裝加鹽沸水煮鳥巢麵，直至濃稠（若為自製新鮮麵條則只需 2 分鐘）。充分瀝乾後，拌入已完成之醬料。

4 轉小火，並加上帕瑪森起士與牛奶，以鹽與黑胡椒調味。輕翻鍋子，讓麵條完全均勻沾上醬料，隨喜好加入帕瑪森起士。

🥄 **多一味**

辣味肉腸
Spicy Sausagemeat

1 如上述作法處理義大利豬肉腸，並加上乾辣椒片 1 把、碾碎大蒜瓣 2 片、芫荽粉 1 大匙，以及小茴香籽磨粉 1 大匙。

2 充分混合後，分次以小堆烹煮，即可完成。

經典肉醬千層麵
Classic Meat Lasagne

🕐 準備時間：20 分鐘

⏱ 烹調時間：27 ～ 35 分鐘

👥👥👥👥👥👥👥

材料

牛奶 750 毫升

月桂葉 1 片

無鹽奶油（無鹽牛油）50 克

中筋麵粉 50 克

鮮磨肉豆蔻 1 大把

經典波隆那醬 1 份（作法見第 32 頁）

乾燥千層麵皮 250 克（或 1 份加 2 顆蛋的麵團，擀開成千層麵皮）

現刨帕瑪森起士（芝士）絲 5 大匙

鹽與黑胡椒適量

作法

1 製作義式白醬：將牛奶與月桂葉以小火煮沸後，離火靜置 20 分鐘。取另一只鍋以小火融化奶油後，加入中筋麵粉，攪拌 2 分鐘，直到稍微出現餅乾般的色澤。

2 離火並慢慢加入煮過的牛奶，移去凝結塊。回置爐面小火慢煮，攪拌 2 ～ 3 分鐘直到呈凝脂狀。加入肉豆蔻並以鹽和黑胡椒調味，即完成義式白醬。

3 取出事先做好的波隆那醬，以小鍋或以微波爐翻熱。

4 同時，以加鹽沸水分次煮義大利麵皮，直至濃稠；若為新鮮麵皮，則只需煮 2 分鐘。瀝乾並以冷開水醒麵，放在茶巾上再瀝乾。

5 將烤箱盤塗上 1/3 量的波隆那醬，放一層麵皮，再加 1/3 量的波隆那醬，然後加上1/3 量的義大利白醬。重複一次上述的步驟。

6 最後鋪上剩餘麵皮，抹剩下的白醬，最上方撒帕瑪森起士，放入預熱至 220℃的烤箱中焗烤 20 分鐘，直到轉為黃褐色。

🍲 多一味

肉腸 & 雙重起士千層麵
Sausage & Double Cheese Lasagna

1 以肉腸番茄醬 1 份（見第 41 頁）取代波隆那醬，略過白醬，並將芳提娜起士 200 克分散於番茄醬料上。

2 在千層麵上方鋪莫札瑞拉起士切塊 250 克，倒上牛奶 4 大匙，接著如上烹調程序即成。

快速奶油培根麵
Quick Pasta Carbonara

🕐 準備時間：10 分鐘
🕒 烹調時間：10 分鐘

👫👫

材料

乾燥經典義大利麵 400 克（或其他長條狀義大利細麵）

橄欖油 2 大匙

義大利培根（煙肉）200 克（切丁）

雞蛋 3 顆

現刨帕瑪森起士（芝士）絲 4 大匙

剁碎寬葉巴西里 3 大匙

低脂鮮奶油（鮮忌廉）3 大匙

鹽與黑胡椒適量

作法

1 以大平底鍋盛加鹽沸水煮義大利麵直至濃稠。

2 同時，將油倒入大型不沾鍋以中火加熱，加入培根塊，快炒約 4 ～ 5 分鐘，直到酥脆。

3 將蛋打入碗中，加入帕瑪森起士絲、巴西里葉碎與低脂鮮奶油。以鹽與黑胡椒調味，靜置入味。

4 瀝乾煮好的麵，倒入作法 2 的備料，以小火烹煮直到完全混合，接著倒進作法 3 的備料，攪拌後隨即關火。持續攪拌直到蛋稍微因餘溫變熟而轉黏稠，即可上菜。

🥄 多一味

蘑菇培根麵
Mushroom Carbonara

加入蘑菇切片 100 克與培根混合，如上烹調程序即可。

帕瑪生火腿蘑菇千層麵
Mushroom & Parma Ham Lasagne

🕐 準備時間：25 分鐘，含浸泡與入味時間

🕐 烹調時間：35 ～ 40 分鐘

👨‍👩‍👧‍👦

材料

乾燥牛肝蕈菇（牛肝菌）20 克

牛奶 750 毫升

月桂葉 1 片

洋蔥 1 小顆（切 1/4 瓣）

無鹽奶油（無鹽牛油）125 克

中筋麵粉 30 克

低脂鮮奶油（鮮忌廉）175 毫升

肉豆蔻 1/4 大匙

帕瑪火腿 200 克（切 4 全片，其餘切條）

橄欖油 3 大匙

野菇 325 克（剁碎）

干白酒 50 毫升

乾燥千層麵皮 250 克

現刨帕瑪森起士（芝士）絲 5 大匙

鹽與黑胡椒適量

作法

1 把牛肝蕈菇浸泡在微滾水中 30 分鐘；同時將牛奶、月桂葉、洋蔥以小火一起煮到沸點後，關火讓餘溫使其入味。

2 將無鹽奶油 50 克放入平底鍋以極小火融化，加入中筋麵粉攪拌烹煮 2 分鐘，直到看見餅乾般的色澤。離火並慢慢倒入已入味的作法 1 的備料，邊倒邊除去凝結塊。回到爐上微滾 2 ～ 3 分鐘直到黏稠。加入鮮奶油、肉豆蔻，以及火腿條，以鹽與黑胡椒調味。

3 瀝乾牛肝蕈菇，切碎，保留浸泡水備用。

4 炒鍋以大火熱油，將所有野菇放入，快炒 1 分鐘。加入牛肝蕈菇浸泡水與白酒。快火煮沸，直到湯汁被完全吸收，調味並拌入醬汁。

5 分批以加鹽沸水煮千層麵，直至濃稠。以冷水醒麵，再以茶巾瀝乾。

6 烤箱盤上抹點油，底層鋪一層麵皮，再鋪 1/4 醬料，點上 1/4 的剩餘奶油，撒帕瑪森起士 1 大匙。重複以上程序，最後鋪上一層醬汁與完整生火腿片，以及剩下的奶油與起士絲。

7 放入預熱至 220℃的烤箱，烤 20 分鐘，直到顏色轉褐。

起士火腿鼠尾草義大利麵疙瘩
Fontina Pancetta & Sage Gnocchi

🕐 準備時間：2 分鐘
🕑 烹調時間：20 分鐘

👨👩👨👩

材料

無鹽奶油（無鹽牛油）15 克

義大利火腿 125 克（切丁）

特濃鮮奶油（鮮忌廉）200 毫升

鼠尾草葉 6 片（切成細條）

芳提娜軟起士（芝士）75 克（切丁）

現刨帕瑪森起士絲 4 大匙

現成義大利麵疙瘩 500 克（或正統馬鈴薯麵疙瘩 1 份，見第 117 頁）

鹽與黑胡椒適量

作法

1 奶油放入大炒鍋中以小火融化，加入義大利火腿丁煎煮 10 ～ 12 分鐘，不時攪拌直到酥脆。

2 拌入特濃鮮奶油與鼠尾草，漸轉至大火直到煮至沸點。煮沸至稍帶黏稠，拌入芳提娜軟起士與帕瑪森起士，隨即離火。均勻攪拌直到所有起士融化，並以鹽和黑胡椒調味。

3 以大平底鍋盛加鹽沸水煮麵疙瘩，煮至麵浮到水面上（若為手工現做則只需 3 ～ 4 分鐘）。充分瀝乾並拌入醬料，即可上菜。

🍲 多一味

混合起士香草義大利麵疙瘩
Mixed Cheese & Herb Gnocchi

1 略過奶油、火腿丁與鼠尾草的步驟。將特濃鮮奶油煮沸，拌入芳提娜軟起士、帕瑪森起士以及義大利藍黴起士（Dolcelatte）200 克。

2 離火後，待起士完全融化，拌入韭菜與巴西里葉碎末 2 大匙，調味後與煮好的麵疙瘩拌勻。

牛肉丸緞帶麵
Beef Meatballs with Ribbon Pasta

🕐 準備時間：20 分鐘

🕐 烹調時間：80 分鐘

👫👫👫

材料

乾燥緞帶麵（厚薄皆可）400 克

老麵包 2 片（去厚邊撕成小片）

牛奶 75 毫升，橄欖油 4 大匙

大蔥 6 根或洋蔥 1 小顆（剁碎）

大蒜瓣 1 片（碾碎）

牛絞肉 750 克

現刨帕瑪森起士（芝士）絲 2 大匙（預留少許上菜用）

現磨肉豆蔻少許

干白酒 300 毫升

罐裝切塊番茄 400 克

月桂葉 2 片

鹽與黑胡椒適量

巴西里葉少許（裝飾用）

作法

1 製作牛肉丸：取大碗倒入牛奶，將麵包浸泡在內，同時將 1/2 的橄欖油放入炒鍋以中火加熱，加入大蔥（或洋蔥）、大蒜快炒 5 分鐘，直至熟軟開始轉褐。

2 加入牛絞肉在泡好麵包的牛奶碗內，充分混合。加入炒好的蔥蒜、帕瑪森起士以及肉豆蔻粉，以鹽與黑胡椒調味。以手將所有原料充分混合至均勻平滑，揉成 28 顆大小平均的肉丸。

3 將另外 1/2 的橄欖油以非不鏽鋼材質的大炒鍋加熱，分批放入肉丸，以大火煎煮，不斷翻面，直到肉丸呈現褐色後移到烤箱淺盤中。

4 炒鍋中倒入白酒與番茄，煮到沸點，鏟去底部結塊。加入月桂葉，以鹽和黑胡椒調味，快速煮沸 5 分鐘做成醬料。

5 將醬料倒在肉丸上，以錫箔紙蓋上放入烤箱，以 180℃烤 1 小時或直到熟軟。

6 當肉丸與醬汁快完成時，以大平底鍋盛加鹽沸水煮麵，直至濃稠。充分瀝乾後，鋪上醬汁與肉丸。

🍲 **多一味**

豬肉丸核桃緞帶麵
Pork Meatballs with Ribbon Pasta

以豬絞肉 750 克取代牛絞肉，加入碾碎的核桃 100 克至肉丸混合料中，略過帕瑪森起士的步驟，如上烹調程序即可。

火腿奶油豌豆義大利圓餃
Tortellini with Creamy Ham & Peas

🕐 準備時間：2 分鐘

🍴 烹調時間：8 ～ 12 分鐘

👨‍👩‍👧‍👦

材料

無鹽奶油（無鹽牛油）15 克

去莢豌豆 150 克（若為冷凍需先解凍）

火腿 75 克（切條）

法式酸奶油 300 克

現磨肉豆蔻 1 大把

義大利圓餃（菠菜起士或肉醬口味）500 克

現刨帕瑪森起士（芝士）絲 40 克（預留少許上菜用）

鹽與黑胡椒適量

作法

1 以中火在大炒鍋中融化奶油，直到開始滋滋作響。

2 加入豌豆與火腿，若為新鮮豌豆需攪拌烹煮 3 ～ 4 分鐘，解凍的冷凍豌豆則只需 1 分鐘。

3 拌入法式酸奶油，加入肉豆蔻並以鹽與黑胡椒調味，煮至沸點，並持續煮 2 分鐘，直至變為黏稠。

4 以大平底鍋盛加鹽沸水煮義大利餃，直至濃稠。瀝乾後與帕瑪森起士一起丟入作法 3 的醬料中。稍微攪拌混合後，再撒上一點帕瑪森起士。

🥄 **多一味**

培根櫛瓜義大利圓餃
Bacon & Courgette Tortellini

1 以等量培根（煙肉）切條取代火腿，入鍋炒 4 分鐘。

2 加入切塊櫛瓜（翠玉瓜）200 克取代豌豆，如上烹調程序即成。

MEAT & POULTRY

生火腿牛肝蕈菇大寬麵
Prosciutto & Porcini Pappardelle

🕐 準備時間：10 分鐘

🕑 烹調時間：6 ～ 10 分鐘

👨‍👩‍👧‍👧

材料

乾燥義大利大寬麵 400 克

（或是自製寬麵，使用 1 份義大利麵團加 3 顆蛋，見第 8 頁）

橄欖油 2 大匙

大蒜瓣 1 片（碾碎）

新鮮牛肝蕈菇（牛肝菌）250 克（切片）

生火腿片 250 克

鮮奶油（鮮忌廉）150 毫升

寬葉巴西里 1 把（剁碎）

現刨帕瑪森起士（芝士）絲 75 克

鹽與黑胡椒適量

作法

1 在大平底鍋中以加鹽沸水煮麵，直至濃稠（若為新鮮麵條只需 2 ～ 3 分鐘）。

2 同時，將橄欖油倒入平底鍋以中火加熱，加入大蒜與牛肝蕈菇，快炒 4 分鐘。

3 將生火腿片切條（注意勿黏在一起）。加入炒好的大蒜牛肝蕈菇、鮮奶油、巴西里葉，並以鹽和黑胡椒調味。煮到沸點後轉小火，再燉 1 分鐘。

4 瀝乾煮好的麵條，倒入醬料 2 大湯杓並充分混合，撒上帕瑪森起士絲，搖勻。

🥄 多一味

松子牛肝蕈菇義大利麵
Spaghetti with Dried Porcini & Pine Nuts

1 取乾燥牛肝蕈菇 125 克，浸泡在足量熱水中 15 分鐘，使其吸飽水分。

2 瀝乾牛肝蕈菇，並保留浸泡水。以紙巾拍乾後如上述烹調程序製作。

3 於牛肝蕈菇炒過後倒入浸泡水，煮到水分幾乎完全揮發。拌入生火腿條與鮮奶油。

4. 以烤箱火烤松子 2 大匙，加入醬料中，再拌入麵條即可。

Fish & Seafood
魚與海鮮

鮪魚芝麻菜檸檬貝殼麵
Tuna, Rocket & Lemon Conchiglie

🕐 準備時間：10 分鐘

🕐 烹調時間：10 ～ 12 分鐘

👪👩

材料

橄欖油漬罐裝鮪魚（吞拿魚）300 克（瀝油）

特級初榨橄欖油 4 大匙（預留少許上菜用）

未上蠟檸檬 1 顆（取皮刨絲）

大蒜瓣 2 片（壓碎）

紅洋蔥 1 小顆（切細絲）

寬葉巴西里 2 大匙（粗切）

乾燥貝殼麵 375 克

野芝麻菜 75 克

鹽與黑胡椒適量

作法

1 把油漬鮪魚的油瀝掉，放進上菜的大碗裡。以叉子把鮪魚分開，拌入野芝麻菜和麵以外的所有食材。

2 以鹽和黑胡椒調味，上蓋靜置陰涼處最少 30 分鐘等待入味。

3 同時以大平底鍋盛入加鹽的沸水煮麵，直至濃稠。

4 瀝乾貝殼麵，與野芝麻菜一同拌進鮪魚中，可隨喜好斟酌淋上特級初榨橄欖油。

🥄 多一味

燻鮭魚西洋菜貝殼麵
Smoked Salmon & Watercress Conchiglie

1 以燻鮭魚（三文魚）200 克切細條取代鮪魚。

2 西洋菜 7 克粗切取代野芝麻菜，即可完成。

鯷魚番茄麵
Tomato & Anchovy Spaghetti

🕐 準備時間：10 分鐘

⏲ 烹調時間：105 分鐘

👪👧👩

材料

聖女番茄 500 克（對半切）

特級初榨橄欖油 75 毫升

大蒜瓣 2 片（粗切）

乾燥經典義大利麵條 400 克

新鮮白麵包屑 50 克

油漬鯷魚片 8 片（瀝油清洗，拍乾後切粗塊）

鹽與黑胡椒少許

作法

1 將對半切好的番茄全部切面向上，單層鋪在墊著吸油紙的錫烤盤上。

2 淋上少許橄欖油並撒上半數的大蒜瓣，以鹽和黑胡椒稍微調味，放進預熱至 120℃的瓦斯（煤氣）烤箱，半邊加熱 90 分鐘。

3 以大平底鍋盛入加鹽的沸水煮麵，直至濃稠。

4 將剩餘的橄欖油置於大炒鍋中以大火加熱，加入大蒜瓣與麵包屑，快炒至酥脆金黃。

5 離火後拌入鯷魚塊、烤過的番茄，隨後拌入已煮好的麵條，以小火加熱 30 秒，讓醬汁與麵條沾勻。

🥄 多一味

風乾番茄乾橄欖油義大利麵
Sun-dried Tomato & Olive Spaghetti

1 以半風乾的番茄 150 克取代自行烘烤的番茄。

2 先以橄欖油炒番茄乾約 1～2 分鐘，再加入大蒜與麵包屑。

3 用切片橄欖 50 克取代鯷魚，拌勻即可上菜。

和尚魚淡菜麵
Pasta with Monkfish & Mussels

🕐 準備時間：20 分鐘

🕑 烹調時間：45 分鐘

👫👧👩

材料

和尚魚（鮟鱇魚）尾 500 克

橄欖油 4 大匙

洋蔥 1 顆（切碎）

大蒜瓣 4 片（切碎）

熟番茄 500 克（去皮去籽，切碎）

番紅花絲 1/4 茶匙

魚高湯 1.8 公升

西班牙短麵（fideus）375 克

鮮活小型貝類 1 公斤（清理方式見第 67 頁）

鹽與黑胡椒少許

大蒜美乃滋（上菜用）

作法

1 清洗瀝乾和尚魚尾，用利刀自魚骨剖半取肉片。

2 將一半的油放進平底鍋以小火加熱，放入洋蔥、大蒜瓣與番茄翻炒約 10 分鐘。

3 加入和尚魚尾片、番紅花料與魚高湯並煮到沸點，轉小火慢煮 5 分鐘後，以漏杓先把魚取出備用，繼續再慢燉 25 分鐘。

4 將剩餘的油放進耐火燉鍋以中火加熱，放進麵條煮 5 分鐘直至顏色轉為金黃。

5 慢慢拌入番茄醬汁並持續攪拌，直到麵條熟透。

6 加入淡菜小貝類，充分拌勻後再加入和尚魚片，再煮 5 ～ 6 分鐘直到小貝類都開口且和尚魚都熟透。

7 以鹽和黑胡椒調味，可佐以大蒜美乃滋上菜。

🥄 多一味

海鮮西班牙短麵
Seafood Pasta

1 以活蛤蠣 750 克以及清理過的墨魚 500 克，橫切成圈，取代和尚魚。

2 與小貝類一起放入鍋中，如上述烹調程序。

3 加上一大把辣椒粉與紅椒粉在大蒜美乃滋上即可。

檸檬辣椒明蝦麵
Lemon & Chilli Prawn Linguine

🕐 準備時間：15 分鐘

🍳 烹調時間：10 ～ 12 分鐘

👨‍👩‍👧‍👧

材料

乾燥細扁麵（或經典義大利麵）375 克

奶油（忌廉）1 大匙

橄欖油 1 大匙

大蒜瓣 1 片（剁碎）

大蔥 2 根（切細絲）

新鮮紅辣椒 2 根（去籽切細）

新鮮大明蝦 425 克（僅去尾去殼，保持完整）

新鮮檸檬汁 2 大匙

新鮮香菜（芫荽）葉 2 大匙（剁碎，預留少許裝飾用）

鹽與黑胡椒少許

作法

1 在大平底鍋以加鹽沸水煮麵，直至濃稠。

2 將奶油放進大炒鍋以中火融化，加入大蒜瓣、大蔥與辣椒快炒約 2 ～ 3 分鐘。

3 轉大火，放進大明蝦再煮 3 ～ 4 分鐘，直到蝦肉色轉紅完全熟透，拌入檸檬汁、香菜末，隨即離火。

4 瀝乾麵條，加入炒好的明蝦，以鹽和黑胡椒調味，翻面拌勻，撒上香菜末即可上菜。

🥄 多一味

檸檬辣椒墨魚麵
Lemon & Chilli Squid

1 以清理乾淨的墨魚 425 克取代明蝦，單邊剖開墨魚並攤平，在表皮以刀劃上縱橫交錯切口。

2 烹煮 1 ～ 2 分鐘後見熟即可離鍋。

熱脆沙丁魚螺旋麵
Fusilli with Zesty Sardines

🕐 準備時間：10 分鐘
🕑 烹調時間：35 分鐘

👨‍👩‍👧‍👧

材料

橄欖油 4 大匙
洋蔥 1 顆（切細絲）
葡萄乾 30 克
松子 30 克
柳橙 1 小顆（取皮切細絲）
無上蠟檸檬 1 顆（取皮切細絲）
蒔蘿 1 大匙（粗切）
茴香子 1 小匙
紅辣椒乾 1 條（切碎）
大蒜瓣 2 片（去皮）
干白酒 150 毫升
乾燥螺旋麵 400 克
新鮮白（或粗）麵包屑 75 克
新鮮沙丁魚片 325 克
寬葉巴西里 3 大匙（粗切）

作法

1 將一半的橄欖油倒入深口大炒鍋中，放進洋蔥、葡萄乾、松子攪拌，加入柳橙皮、蒔蘿、茴香籽與辣椒，放在爐上開小火。

2 大蒜瓣以大刀拍扁，加入鍋中慢煮約 12 ～ 15 分鐘，直到洋蔥轉為焦糖金黃色。

3 加入干白酒，並以大火煮沸約 2 分鐘。

4 以大平底鍋盛入加鹽沸水煮麵直至濃稠。瀝乾，放進冷水中醒麵待用。

5 將麵包屑均勻撒在大張烘焙紙上，滴上剩餘的橄欖油，放進預熱至 220℃ 的烤箱烤 4 ～ 5 分鐘，直到顏色轉成金黃褐色。

6 同時將炒鍋爐火漸漸轉為大火，加入沙丁魚片，炒煮約 1 ～ 2 分鐘，直到沙丁魚呈不透明狀。

7 放入麵條並混合均勻。將醒麵水放入鍋中，攪拌使醬料潤澤並充分沾勻麵條。

8 離火後拌入烤好的麵包屑與巴西里葉末。

🥄 多一味

劍魚螺旋麵
Fusilli with Swordfish

1 將劍魚排 325 克切塊，取代沙丁魚。

2 以扎實農夫麵包 75 克切丁取代麵包屑，如上述烹調程序即可完成。

墨魚番茄辣椒麵
Squid, Tomato & Chilli Spaghetti

🕐 準備時間：20 分鐘

🍴 烹調時間：205 分鐘

👨‍👩‍👧‍👧

材料

生墨魚 1 公斤

特級初榨橄欖油 4 大匙（預留少許上菜用）

新鮮紅辣椒 1 根（橫切成圓形薄片）

聖女番茄 500 克（對半切）

干苦艾酒（不甜的苦艾酒）100 毫升

乾燥經典義大利麵條 400 克

羅勒葉 15 克

大蒜瓣 1 片（切碎）

無蠟檸檬 1/2 顆（取皮刨絲）

鹽少許

作法

1 以流動冷水清洗生墨魚，將觸鬚往外拔出身體，便可一起取出內臟，把透明軟骨自管身取出後，仔細清洗，拉掉粉紅色皮膜。自頭與觸鬚間剖開，並切除頭部和觸鬚。將管身橫切成圈狀，以廚房紙巾吸乾水分，上蓋放置陰涼處待用。

2 將油入大炒鍋以大火加熱，放入辣椒與番茄，加少許鹽調味，並快速拌炒約 5～6 分鐘，直到番茄熟軟且看起來微焦。

3 倒進干苦艾酒，快火煮到沸點約 2 分鐘。

4 以大平底鍋盛入加鹽沸水煮麵直至濃稠，瀝乾。

5 麵快煮好時，將番茄醬汁煮到沸點，拌入墨魚圈、大蒜瓣、檸檬皮碎，攪拌再煮 1 分鐘。

6 放進麵條，使其充分與醬料混合，撒上羅勒末即可上菜。

 多一味

白魚豌豆麵
White Fish & Pea Pasta

1 準備白身魚（如鱈魚）500 克，去骨去頭。

2 準備番茄醬料如上烹調程序，加干苦艾酒前，再加上去莢新鮮豌豆 50 克（或是解凍後的冷凍豌豆），煮至沸點約 2 分鐘。

3 把魚和羅勒、大蒜、檸檬皮碎一起放進平底鍋中，小火燉約 2～3 分鐘即可完成。

辣味鮪魚番茄橄欖麵
Spicy Tuna, Tomato & Olive Pasta

🕐 準備時間：10 分鐘

🥄 烹調時間：10 ～ 12 分鐘

材料

乾燥筆管麵（或水管麵）400 克

特級初榨橄欖油 2 大匙（預留少許上菜用）

大蒜瓣 2 片（切細片）

碾碎乾辣椒 1 大把

熟番茄 400 克（粗切）

去核黑橄欖 50 克（粗切）

麝香草 1 大把（粗切）

罐裝橄欖油漬鮪魚（吞拿魚）300 克（瀝乾）

鹽與黑胡椒少許

作法

1 以大平底鍋盛入加鹽的沸水煮麵，直至濃稠。

2 將橄欖油放進大炒鍋中以中火加熱，放入大蒜瓣、辣椒、番茄、黑橄欖與麝香草，煮到沸點後繼續燉 5 分鐘。

3 以叉子打散鮪魚，攪入燉好的醬汁內，再燉 2 分鐘後，以鹽和黑胡椒調味。

4 瀝乾麵條，拌入醬汁，隨喜好斟酌滴上特級初榨橄欖油。

🥄 多一味

新鮮鮪魚口味
Fresh Tuna Sauce

1 將新鮮鮪魚（吞拿魚）片 300 克切條，以鹽和黑胡椒調味。

2 先入炒鍋中以橄欖油炒約 2 分鐘後，再放入其他食材，繼續烹調 5 分鐘。

鯷魚蘆筍麵
Asparagus & Anchovy Spaghetti

🕐 準備時間：10 分鐘

🕑 烹調時間：10 ～ 12 分鐘

👪👧👧

材料

乾燥經典義大利麵條 375 克

削皮蘆筍 375 克（切 7 公分小段）

橄欖油 5 大匙

奶油（忌廉）50 克

壓碎辣椒乾 1/2 小匙

大蒜瓣 2 片（切片）

油漬鯷魚片 50 克（瀝乾後切塊）

檸檬汁 2 大匙

現刨帕瑪森起士（芝士）薄片 75 克

鹽少許

作法

1 以大平底鍋盛入加鹽沸水煮麵直至濃稠。

2 蘆筍攤放在烤盤上，淋上少許橄欖油，點一些奶油。撒上辣椒、大蒜瓣、鯷魚塊後放進預熱至 200℃ 烤箱烤 8 分鐘，直到食材皆熟軟。

3 將蘆筍等烤盤裡的材料逐一挑到大碗裡，把烤出的醬汁也倒入。瀝乾麵條，放進碗裡與醬汁食材充分混合。

4 擠檸檬汁，並以鹽調味，撒上帕瑪森起士絲。

 多一味

烤彩椒鯷魚麵
Roast Pepper & Anchovy Spaghetti

1 以去籽紅椒 2 顆切條取代蘆筍，放進烤箱如上烹調程序。

2 撒上帕瑪森起士絲即可上菜。

鱸魚番茄麵
Linguine with Sea Bass & Tomatoes

🕐 準備時間：10 分鐘
🕑 烹調時間：30 分鐘

👨‍👩‍👧‍👧

材料

大蒜瓣 2 片（去皮）

特級初榨橄欖油 4 大匙

壓碎乾辣椒 1/4 小匙

熟番茄 700 克（粗切）

干白酒 125 毫升

乾燥細扁麵 400 克

去皮鱸魚片 375 克（切條）

粗切寬葉巴西里 3 大匙

鹽少許

作法

1 用大刀拍扁大蒜瓣。將橄欖油放進大炒鍋以小火加熱，放入大蒜與辣椒炒 10 分鐘。大蒜炒焦即離火，靜置一旁讓鍋子的餘溫使油入味。

2 放進番茄與干白酒，以鹽稍加調味，煮至沸點後轉中火續煮 12 ～ 15 分鐘，直到濃稠。

3 以大平底鍋盛入加鹽沸水煮麵直至濃稠。

4 麵快煮好時，將鱸魚與巴西里葉放入番茄醬汁中烹煮 2 分鐘，直到魚片變白熟。

5 瀝乾麵條，以足量冷開水醒麵。將麵倒入醬汁鍋中攪拌 30 秒，隨後加入醒麵水，攪拌使醬汁充分與麵條混合。

🥄 多一味

明蝦燻鮭魚麵
Linguine with Prawns & Smoked Salmon

1 以去殼燙熟明蝦 250 克與切片燻鮭魚（三文魚）100 克取代鱸魚，若使用冷凍明蝦則需先解凍。

2 放進醬汁中溫煮 2 分鐘，加入燻鮭魚隨即離火。由於燻鮭魚已有鹹味，無需再以鹽調味。

夾心鮪魚芝麻菜千層麵
Tuna-Layered Lasagne with Rocket

🕐 準備時間：10 分鐘

🍲 烹調時間：10 分鐘

👨‍👩‍👧‍👦

材料

乾燥千層麵皮 8 張

橄欖油 1 大匙

切碎大蔥 1 大把

櫛瓜（翠玉瓜）2 條（切塊）

聖女番茄 500 克（每顆分兩次對切成 4 片）

罐裝水煮鮪魚（吞拿魚）200 克 2 罐

野芝麻菜 65 克

現成青醬 1 小匙

鹽與黑胡椒少許

羅勒葉少許（裝飾用）

作法

1 分批煮千層麵皮，以大平底鍋盛入加鹽沸水煮至濃稠，瀝乾後回置鍋中保溫。

2 將橄欖油放進大炒鍋內以中火加熱，放入大蔥與櫛瓜攪拌烹煮約 3 分鐘。離火，加入番茄、鮪魚、野芝麻菜，輕輕搖勻。

3 取一小份拌好的鮪魚置入 4 人份餐盤中，以一層麵皮覆蓋。用湯匙鋪上其他拌好的鮪魚，再鋪上其餘麵皮。

4 加上大量黑胡椒與青醬 1 大匙在最上層，撒上羅勒葉。

🥄 多一味

鮭魚千層麵
Salmon Lasagne

1 取鮭魚（三文魚）片 400 克取代鮪魚，以平底鍋兩面煎煮約 3 分鐘（視厚度決定）。

2 去皮去骨後弄成碎片，為增加獨特風味，可以使用家庭自製經典青醬（見第 87 頁）取代現成瓶裝青醬。

蛤蠣細扁麵
Linguine with Clams

🕐 準備時間：20 分鐘
🕑 烹調時間：25 分鐘

👪👧👧

材料

橄欖油 2 大匙

大蒜瓣 2 片（切細片）

紅辣椒乾 1/2 條（剁碎）

乾燥細扁麵 350 克

生鮮蛤蠣 1 公斤（清理方式見第 67 頁）

巴西里寬葉 2 大匙（粗切）

鹽適量

特級初榨橄欖油（斟酌上菜用）

作法

1 將橄欖油放入大炒鍋中以小火加熱。加入大蒜瓣、辣椒使其入味約 10 分鐘。大蒜開始變色時，離火靜置一旁以鍋子餘溫繼續保持入味。

2 以大平底鍋盛入加鹽沸水煮麵，直至濃稠。

3 同時將炒鍋爐火漸漸轉為大火，加入蛤蠣攪拌烹煮，直到全部開口。過程應不超過 4 ～ 5 分鐘。煮麵與蛤蠣時，兩邊都必須注意烹調時間，不可過熟。

4 瀝乾麵條，放進足量的冷開水中醒麵。攪拌麵條、預留的醒麵水、巴西里葉到蛤蠣鍋中，以 30 秒快火搖勻，斟酌淋上一些特級初榨橄欖油即可上菜。

🥄 多一味

番茄與香草麵包風味
Tomato & Herb Bread

1 以風乾番茄乾 2 大匙搗泥、3 大匙橄欖油與各 1 小匙的乾燥奧勒岡與迷迭香拌入麵條。

2 將拌好的番茄乾鋪在一大條佛卡夏（focaccia）麵包上，並撒上現刨帕瑪森起士絲，放進預熱至 180℃瓦斯烤箱烤約 6 ～ 8 分鐘，或直到熱透。淋一些特級初榨橄欖油，切塊即成。

紅鯡魚帕瑪生火腿捲管麵
Garganelli with Red Mullet & Parma Ham

🕙 準備時間：10 分鐘

🕐 烹調時間：12 分鐘

👨👩👧👩

材料

乾燥捲管麵 400 克

無鹽奶油（無鹽牛油）125 克

帕瑪生火腿 4 片（切 2.5 公分寬條）

紅鯡魚片 300 克（切 2.5 公分寬條）

鼠尾草葉 10 片（粗切）

鹽與黑胡椒少許

作法

1 以大平底鍋盛入加鹽的沸水煮麵，直至濃稠。

2 將奶油放進大炒鍋以中火加熱。當奶油開始起泡時，放入帕瑪生火腿，攪拌並煮 2～3 分鐘。

3 以鹽與黑胡椒調味紅鯡魚，放進鍋中，魚皮部分貼鍋。撒入鼠尾草末，再煮 2～3 分鐘直到魚身完全熟白不透明。若奶油開始變焦，將爐火關小一些。

4 瀝乾麵條，放進足量的冷開水中醒麵，和魚一起放進炒鍋裡。輕輕攪拌混合，再加入醒麵水，以中火烹煮，直到捲管麵充分沾上醬汁。

🥄 多一味

小比目魚捲管麵
Lemon Sole Garganelli

1 以小型歐洲比目魚 300 克取代紅鯡魚，以龍蒿 4 根取代鼠尾草。

2 如上烹調程序，並於完成前最後 1 分鐘撒上去核黑橄欖 50 克。

和尚魚墨魚麵
Black Pasta with Monkfish

🕐 準備時間：10 分鐘

🕑 烹調時間：10 ～ 12 分鐘

👨‍👩‍👧‍👧

材料

乾燥墨魚麵 375 克

奶油（忌廉）25 克

和尚魚（鮟鱇魚）尾 200 克（切 2.5 公分小塊）

新鮮辣椒 2 大根（去籽切細）

大蒜瓣 2 片（剁碎）

泰國魚露 2 大匙

嫩菠菜 150 克

萊姆（青檸）2 顆（取汁）

鹽少許

萊姆角（上菜用）

作法

1 以大平底鍋盛入加鹽的沸水煮麵，直至濃稠。

2 充分瀝乾後回置鍋內。放進奶油讓麵條充分沾勻。

3 將和尚魚塊放在一大片錫箔紙上，蓋上辣椒、大蒜瓣、魚露。四邊折立起來，並對摺將魚塊包裹住。放在烤盤上進預熱的烤箱以 200℃ 烤 8 ～ 10 分鐘，直到全熟。

4 將烤好的魚塊、蒜辣醬汁與熱墨魚麵充分混合，加上菠菜攪拌，直到菠菜熟軟。

5 加入萊姆汁並以鹽調味，在一旁放上萊姆角。

🥄 多一味

明蝦扇貝墨魚麵
Black Pasta with Prawns & Scallops

1 以去殼生鮮草蝦 300 克以及扇貝 8 顆對半切去骨取代和尚魚。

2 放入奶油、辣椒、大蒜瓣（魚露不放），一起煮約 3 分鐘，扇貝約 1 ～ 2 分鐘後翻動換面。最後與熱麵條充分混合，如上述烹飪程序即成。

大明蝦櫛瓜麵
King Prawn & Courgette Linguine

🕐 準備時間：10 分鐘

🥘 烹調時間：10 ～ 12 分鐘

👫👫

材料

乾燥細扁麵 400 克

橄欖油 3 大匙

生鮮大明蝦 200 克（去殼）

大蒜瓣 2 片（剁碎）

無蠟檸檬 1 顆（取皮刨絲）

新鮮辣椒 1 根（去籽並切細）

櫛瓜（翠玉瓜） 400 克（粗略磨碎）

無鹽奶油（無鹽牛油） 50 克（切小丁）

鹽少許

作法

1 以大平底鍋盛入加鹽的沸水煮麵，直至濃稠。

2 將油放入大炒鍋以大火加熱，直到表面微滾。加入大明蝦、大蒜瓣、檸檬皮碎與辣椒，並以鹽調味，炒約 2 分鐘直到明蝦顏色轉紅。

3 加入櫛瓜與奶油，加鹽調味，充分攪拌約 30 秒。

4 煮好的麵拌入鍋內，直到奶油完全融化，所有食材充分混合即成。

🥄 多一味

墨魚南瓜醬
Squid & Pumpkin Sauce

1 以預先準備好的墨魚圈 200 克取代明蝦，以粗略磨碎的南瓜 400 克取代櫛瓜，如上烹調程序即可完成。

辣鮪魚排麵
Tagliatelle with Spicy Tuna Steak

🕐 準備時間：15 分鐘

🕑 烹調時間：10 ～ 12 分鐘

👧👩👩👩

材料

乾燥綠色鳥巢麵 375 克

新鮮綠辣椒 2 大根（去籽粗切）

新鮮帶根芫荽 25 克

大蒜瓣 1 片（粗切）

杏仁 25 克（先烤過）

萊姆（青檸）汁 2 大匙

橄欖油 5 大匙

鮪魚（吞拿魚）排 4 塊（每塊約 150 克）

鹽少許

萊姆角（上菜用）

作法

1 以大平底鍋盛入加鹽沸水煮鳥巢麵，直至濃稠。

2 將綠辣椒、芫荽、大蒜瓣、杏仁與萊姆汁一起放進食物處理機攪打約 10 秒鐘，同時滴入橄欖油，並以鹽調味。

3 以大火加熱烤盤或深口大炒鍋，直至冒煙。放進鮪魚排，每面煎 30 秒，或香煎表面但中心略帶粉紅半熟。

4 充分瀝乾麵條，拌入 2/3 的芫荽醬汁，並均分成 4 等份。每份搭上 2 塊鮪魚排，淋上剩下的醬汁，佐以萊姆角。

🥄 多一味

香辣鮭魚麵
Tagliatelle with Spicy Salmon

1 先乾燒鮭魚（三文魚）排 150 克直到扎實微焦，烹調魚類必須完全熱鍋並掌握乾煎時間，視魚片厚度而定，佐以小黃瓜沙拉即可上菜。

2 製作小黃瓜沙拉：以小黃瓜 1 大條削皮切片，加上碎韭菜 2 大匙，淋上原味優格 2 大匙。

辣椒蟹肉麵
Crab Linquine with Chilli

🕐 準備時間：10 分鐘

⏱ 烹調時間：10 ～ 12 分鐘

👫👧👧

材料

乾燥細扁麵 400 克

特級初榨橄欖油 100 毫升

茴香球莖 1 顆（去皮切細條）

新鮮紅辣椒 1 根（切細）

大蒜瓣 2 片（切細片）

新鮮蟹肉 300 克

干苦艾酒 100 毫升（如 NoillyPrat）

檸檬 1 顆（取汁）

寬葉巴西里 3 大匙（粗切）

茴香葉（裝飾用）

鹽少許

作法

1 以大平底鍋盛入加鹽沸水煮細扁麵，直至濃稠。

2 將橄欖油 2 大匙放進大炒鍋以小火加熱，加入茴香、辣椒、大蒜瓣炒約 5～6 分鐘，直至稍微熟軟。

3 拌入蟹肉，轉大火，倒入苦艾酒。沸騰後煮 1～2 分鐘至大部分汁液揮發，離火，拌入剩下的油與檸檬汁，加鹽調味。

4 瀝乾麵條並拌入醬汁與巴西里葉，以茴香葉裝飾後即可上菜。

🥄 **多一味**

蟹肉義麵沙拉
Crab & Pasta Salad

1 把食材混合（除苦艾酒外），將 1 顆未上蠟檸檬取皮刨絲。

2 煮小貝殼麵 300 公克，麵煮好瀝乾並以冷開水醒麵後再瀝乾。

3 醬汁淋上貝殼麵，視喜好加上一點特級初榨橄欖油，搭配整顆切碎的美生菜（捲心萵苣）。

蒜辣橄欖油扇貝麵
Shellfish with Oil, Garlic & Chilli

🕐 準備時間：20 分鐘（含浸泡時間）

🕐 烹調時間：25 分鐘

👨‍👩‍👧‍👦

材料

生鮮蛤蠣 750 克

生鮮淡菜 750 克

特級初榨橄欖油 75 毫升

大蒜瓣 2 片（切細片）

乾燥紅辣椒 1/2 根（剁碎）

乾燥經典義大利麵條 375 克

干白酒 150 毫升

寬葉巴西里 2 大匙（粗切）

鹽少許

作法

1 以流動冷水清洗蛤蠣與淡菜，挑出破裂或已開口的棄置不用。拔掉淡菜鬚並磨刷乾淨，將蛤蠣與淡菜以大量的冷水浸泡 30 分鐘後瀝乾，再次以流動冷水清洗。放進碗內，蓋上濕茶巾，放進冰箱待用。

2 橄欖油放進大炒鍋或手邊現有大鍋以小火加熱，放進大蒜瓣、辣椒，等待 10 分鐘入味。若大蒜開始變焦，則離火以餘溫繼續使其入味。

3 以大平底鍋盛入加鹽沸水煮義大利麵，直至濃稠。

4 將炒鍋爐火漸漸轉大，加入干白酒並快煮至沸點 2 分鐘，放進蛤蠣與淡菜，攪拌烹煮至完全開口，過程應不超過 4 ～ 5 分鐘。

5 瀝乾麵條與巴西里葉一起放入炒鍋內。持續翻攪 30 秒，直到風味充分混合。

🍲 **多一味**

番茄大蒜辣椒醬汁
Tomato, Garlic & Chilli Sauce

1 聖女番茄 250 克對切，將切面向下，放在混合大蒜與辣椒的橄欖油上煎煮。

2 與扇貝類搭配享用，或海鮮不放，加上切碎芝麻菜 100 克。

魚卵燻鮭魚蝴蝶麵
Farfalle with Smoked Salmon & Roe

🕐 準備時間：10 分鐘

⏱ 烹調時間：25 分鐘

👨‍👩‍👧‍👧

材料

無鹽奶油（無鹽牛油）40 克

橄欖油 1 大匙

西式油蔥酥 2 片（切細片）

干白酒 150 毫升

法式鮮奶油（鮮忌廉）200 克

燻鮭魚（三文魚）125 克（切大條）

乾燥蝴蝶麵 400 克

蒔蘿 2 大匙（粗切）

鮭魚卵 30 克

鹽與黑胡椒適量

作法

1 將奶油放進大炒鍋中以小火融化，加入橄欖油與油蔥酥快煮約 6 ～ 7 分鐘，直到油蔥酥軟化。倒進干白酒，轉至大火煮沸約 2 ～ 3 分鐘，直到揮發過半。

2 離火，拌入法式鮮奶油與鮭魚條，以鹽和大把黑胡椒調味。

3 以大平底鍋盛入加鹽沸水煮麵，直至濃稠。瀝乾，放進足量冷開水中。

4 將醬料以小火燉至沸騰，放進麵條充分攪拌混合。倒進醒麵水，持續攪拌至麵條均勻沾醬光亮。

5 放進蒔蘿與鮭魚卵，輕輕翻動均勻，即可上菜。

🥄 多一味

燻鮭魚與菠菜芝麻菜蘆筍麵
Farfalle with Smoked Salmon, Spinach, Rocket & Asparagus

1 將嫩菠菜 75 克與野芝麻菜放入蝴蝶麵和醬汁中。

2 準備蘆筍尖 150 克於麵條完成前 3 分鐘一起煮（鮭魚卵不放）。

龍蝦醬義大利麵
Lobster Sauce with Spaghetti

🕐 準備時間：10 分鐘

🍳 烹調時間：25 分鐘

👫👫👫

材料

帶殼龍蝦 3 隻（每隻約 400 克）

乾燥經典義大利麵條 600 克

橄欖油 3 大匙

大蒜瓣 2 ～ 3 片（剁碎）

碾碎乾燥辣椒 1 大把

干白酒 1 杯

巴西里葉 1 大匙（剁碎，預留少許裝飾用）

鹽與黑胡椒少許

作法

1 大平底鍋盛入加鹽冷水煮開，放入龍蝦 1 隻，煮沸約 12 分鐘。靜置冷卻後，自蝦殼挖取龍蝦肉。

2 以大平底鍋盛入加鹽沸水煮義大利麵，直至濃稠。

3 分開處理另外 2 隻龍蝦，取出腸胃囊包，含頭腳全部切成大塊。

4 炒菜鍋熱油，放進大蒜瓣、辣椒與切塊龍蝦，攪拌煮約 2 分鐘。

5 倒進白酒並煮至沸騰，放進煮熟後挖出的龍蝦肉，拌入巴西里葉，以鹽與黑胡椒調味。

6 瀝乾麵條並鋪上拌好的龍蝦，撒上巴西里葉作綴飾。以手指取龍蝦殼裡的肉，吸吮殼內肉汁將是享受美味的一部分。

🥄 多一味

明蝦醬義大利麵
Prawn Sauce with Spaghetti

1 略過龍蝦步驟，取生鮮去殼大明蝦 250 克與大蒜、辣椒一起烹煮約 2 ～ 3 分鐘，直至蝦肉轉為粉色。

2 加入干白酒後，依照如上烹調程序即可完成。

劍魚朝鮮薊螺旋麵
Fusilli with Swordfish & Artichoke

🕐 準備時間：5 分鐘（含入味時間）
🍲 烹調時間：12 ～ 15 分鐘

👫👧👧

材料

檸檬 1/2 顆（取汁）

大蒜瓣 2 片（切細片）

新鮮紅辣椒 1 根（去籽切細）

特級初榨橄欖油 100 毫升

劍魚排 400 克（切 1.5 公分小丁）

乾燥螺旋麵 375 克

瓶裝或罐裝橄欖油漬朝鮮薊心 200 克（瀝油）

去核黑橄欖 50 克（粗切）

薄荷葉 3 大匙（粗切）

鹽少許

作法

1 將檸檬汁、大蒜瓣、辣椒與橄欖油 2 大匙放進非金屬製大砵中。將劍魚丁放入拌勻，使其入味，上蓋並靜置冷卻約 15 分鐘備用。

2 以大平底鍋盛入加鹽沸水煮麵，直至濃稠。

3 剩下的油放進大炒鍋以大火加熱。將朝鮮薊心切半，與橄欖一起放進鍋中炒約 2 分鐘。

4 以鹽調味劍魚並丟進鍋中等待入味，烹煮約 2 ～ 3 分鐘，不時攪拌直到魚肉剛好熟。

5 瀝乾麵條，倒入足量冷開水中，放進炒鍋中並加入薄荷葉。在小火上充分翻動，並倒進醒麵水，持續攪拌直到麵條完全均勻沾醬油亮。

🥄 多一味

海鮮朝鮮薊醬汁
Seafood & Artichoke Sauce

以生鮮去殼明蝦 250 克或墨魚圈（或兩者混合）取代劍魚，烹煮至明蝦變粉紅色或墨魚扎實變白，如上料理程序即可上菜。

燻鱒魚奶油香草麵
Smoked Trout & Herb Butter Linguine

🕐 準備時間：10 分鐘

🍴 烹調時間：10 ～ 12 分鐘

👨‍👩‍👧‍👦

材料

乾燥細扁麵 400 克

無鹽奶油（無鹽牛油）125 克

熱燻鱒魚 300 克（切片）

大蔥 5 根（切細片）

龍蒿 1 大匙（粗切）

韭菜 4 大匙（切碎）

寬葉巴西里 4 大匙（切碎）

檸檬 1 顆（取汁）

鹽與黑胡椒少許

作法

1 以大平底鍋盛入加鹽沸水煮細扁麵，直至濃稠。

2 將奶油置於平底鍋以小火融化，將所有食材一起放進炒鍋後離火。

3 瀝乾麵條，置於足量冷開水中。將麵條放進奶油香草混合醬料鍋中，並以鹽和黑胡椒調味。若麵條看起來太乾，則酌量加入醒麵水，使麵條沾醬均勻沾附醬汁，看起來油亮。

🥄 **多一味**

辛辣山葵麵
Spicy Horseradish Topping

1 拌入山葵醬 2 大匙至 150 毫升的法式鮮奶油中，以黑胡椒調味。

2 在每份麵條上堆上一團酪梨醬後，放上山葵。

黑線鱈魚起士通心粉
Macaroni & Haddock Cheese

🕐 準備時間：2 分鐘

🕐 烹調時間：30 分鐘

👨‍👩‍👧‍👧

材料

牛奶 600 毫升

無人工色素煙燻鱈排 325 克

乾燥通心粉 325 克

無鹽奶油（無鹽牛油）50 克（另備少許以潤澤菜色）

中筋麵粉 25 克

顆粒芥末 1 大匙

低脂鮮奶油（鮮忌廉）250 毫升

去莢新鮮豌豆 125 克（冷凍則需先退冰）

切達起士（芝士）125 克（刨絲）

現刨帕瑪森起士 4 大匙

寬葉巴西里 1 大匙（粗切）

新鮮麵包屑（白或粗麵包皆可）125 克

橄欖油 1 大匙

鹽與黑胡椒少許

作法

1 以寬底淺口平底鍋將牛奶加熱到燙但不滾。加入黑鱈魚，排開不要重疊，汆燙約 6～8 分鐘，直到魚肉成薄片，以漏杓取出魚片，將鍋中牛奶另外倒進小壺中。

2 大平底鍋盛入加鹽沸水煮麵，直至濃稠。

3 以微火將奶油放進平底鍋中融化。加麵粉，攪約 2 分鐘，直至呈現餅乾般顏色。

4 離火並慢慢倒進預留的牛奶，撈去結塊。回爐上微滾約 2～3 分鐘，直到黏稠。

5 拌入芥末粒、低脂鮮奶油、豌豆、切達起士絲，以及一半的帕瑪森起士絲，以鹽與黑胡椒調味。

6 瀝乾麵條，並放回鍋中。將黑鱈魚與醬料放到通心粉中，變成可微波加熱的餐點。將巴西里葉末以及另一半的帕瑪森起士絲混入麵包屑中，均勻鋪撒在通心粉上。

7 淋上橄欖油並放入已預熱至 220℃烤箱烤 10 分鐘，直到顏色金黃、表面發泡即可。

 多一味

龍蒿胡蘿蔔通心粉
Tarragon Carrots

1 將小胡蘿蔔對半切開，以滾水汆燙 2 分鐘。

2 瀝乾並加奶油 25 克、橄欖油 1 大匙以及糖 1 小匙蓋上鍋蓋烹煮約 5 分鐘直至熟軟。

3 拌入剁碎龍蒿 2 大匙即完成。

義大利培根扇貝麵
Pasta with Scallops & Pancetta

🕐 準備時間：15 分鐘

🍳 烹調時間：15 ～ 20 分鐘

👫👧👩

材料

特級初榨橄欖油 5 大匙

義大利培根（煙肉）或鹹肉 125 克（切丁）

新鮮紅辣椒 1 根（去籽切細）

大蒜瓣 2 片（切細片）

生鮮去殼扇貝 250 克

乾燥細扁麵 400 克

干白酒 100 毫升

寬葉巴西里 2 大匙（粗切）

鹽少許

作法

1 將油放進大炒鍋以大火加熱，再放進義大利培根慢炒約 4 ～ 5 分鐘，直到培根金黃酥脆。

2 離火並放入大蒜瓣與辣椒，以處理扇貝的時間讓蒜辣入味，並開始煮麵。

3 若購買的扇貝含橘色貝卵，小心把貝卵自扇貝肉上去除，以小尖刀剖開較厚的貝肉，切成均勻的薄片待用。

4 大平底鍋盛入加鹽沸水煮麵，直至濃稠。

5 當麵快煮好時，以炒鍋將培根過大火。當培根炒出的油花滋滋作響時，以鹽調味扇貝與卵，放入鍋中一起炒約 2 分鐘。

6 倒入白酒，快火滾約 2 分鐘。

7 將麵條瀝乾，與巴西里葉一起放進炒鍋內。快火攪拌麵條與醬料約 30 秒，使風味充分混合。

🍲 **多一味**

蘆筍扇貝培根麵
Pasta with Asparagus, Scallops & Pancetta

只需加入蘆筍尖 150 克至煮麵水中，再煮 3 分鐘，如上料理程序即可完成。

Vegetarian
蔬食

快速義大利紅醬麵
Quickest-ever Tomato Pasta Sauce

🕐 準備時間：2 分鐘

🥣 烹調時間：10 ～ 12 分鐘

👫👫👩

材料

乾義大利麵 400 克（種類隨意）

橄欖油 2 大匙

大蒜瓣 2 片（剁碎）

番茄泥 500 毫升

無鹽奶油（無鹽牛油）25 克（隨意）

鹽與黑胡椒少許

現刨帕瑪森起士（芝士）絲或特級初榨橄欖油少許（上菜用）

作法

1 大平底鍋盛入加鹽沸水煮麵，直至濃稠。

2 將橄欖油放進平底鍋以小火熱油，放入大蒜瓣攪拌約 30 秒。

3 漸漸轉大火，拌入番茄泥。煮沸後以鹽和黑胡椒調味，再轉小火慢燉約 5 分鐘後離火。

4 瀝乾麵條，拌入醬汁，若喜歡較甜口味，加入奶油輕搖至融化，淋上少許特級初榨橄欖油或帕瑪森起士絲。

🥄 多一味

番茄紅醬羅勒橄欖口味
Tomato Sauce with Olives & Basil

1 如上料理程序製作番茄醬料，將一大把碾碎乾辣椒以及乾燥奧勒岡 1 大匙同大蒜一起加入，小火燉約 30 分鐘。（紅醬的關鍵在單獨烹煮的方式，如此番茄中的酸性才不會釋出。）

2 拌入切片黑橄欖 50 克與撕碎的羅勒葉 10 片。

檸檬酸豆麵
Spaghetti with Capers & Lemon

🕐 準備時間：5 分鐘

🕐 烹調時間：10 ～ 12 分鐘

👩👧👩👩

材料

乾燥經典義大利麵條 400 克

特級初榨橄欖油 150 毫升

大蒜瓣 2 片（切細片）

新鮮紅辣椒 1 根（去籽切細）

鹽水西班牙小酸豆 2 又 1/2 大匙（清洗瀝乾）

無蠟檸檬 1 顆（取皮刨絲）

鹽少許

作法

1 大平底鍋盛入加鹽沸水煮麵，直至濃稠。

2 將橄欖油倒入大炒鍋，加入所有材料，以小火加熱 5 分鐘讓食材充分入味。若大蒜開始變焦黃，需馬上離火，並靜置等待入味。

3 瀝乾麵條，放回炒鍋中，輕搖使麵條與油炒物充分混合。

🍜 多一味

酸豆松子青橄欖麵
Spaghetti with Capers, Pine Nuts & Green Olives

如上料理程序，與其他材料同時加入切碎青橄欖 100 克，混合醬料與麵條，撒上松子 2 大匙即成。

鮮蔬奶油蛋黃白醬麵
Veggie Carbonara

🕐 準備時間：5 分鐘

🕐 烹調時間：15 分鐘

👩👧👧👩

材料

橄欖油 2 大匙

大蒜瓣 2 片（剁碎）

櫛瓜（翠玉瓜）3 根（切細片）

大蔥 6 根（切 1 公分小段）

乾燥筆管麵 400 克

蛋黃 4 顆

法式鮮奶油（鮮忌廉）100 毫升

現刨帕瑪森起士（芝士）絲 75 克（另備少許上菜用）

鹽與黑胡椒適量

作法

1 橄欖油放入深口平底鍋以中火加熱。放入大蒜瓣、櫛瓜與大蔥一起攪拌，煮約 4～5 分鐘直到櫛瓜熟軟，待用。

2 大平底鍋盛入加鹽沸水煮麵，直至濃稠。

3 蛋黃 4 個打入碗中，以鹽與大量黑胡椒調味，以叉子拌勻。

4 麵條快煮好時，將櫛瓜混合青蔬放回鍋中加熱，拌入法式鮮奶油煮沸。

5 充分瀝乾麵條，放回鍋中並立即拌入調味蛋黃、帕瑪森起士絲以及櫛瓜鮮蔬，快速攪拌，撒上現刨帕瑪森起士絲。

🍲 **多一味**

蘆筍奶油蛋黃麵
Asparagus Carbonara

以嫩蘆筍 250 克取代櫛瓜，將蘆筍切成 2.5 公分小段，如櫛瓜料理方式處理即成。

檸檬歐芹櫛瓜麵
Courgette & Gremolata Linguine

🕐 準備時間：15 分鐘

🕐 烹調時間：12 分鐘

👫👫👫

材料
橄欖油 2 大匙

大櫛瓜（翠玉瓜）6 根（切粗片）

大蔥 8 根（切細）

乾燥細扁麵 400 克

現刨帕瑪森起士（芝士）絲少許（上菜用）

義式檸檬歐芹大蒜醬材料 Gremolata
無蠟檸檬 2 顆（取皮刨絲）

橄欖油 1 大匙

寬葉巴西里 10 大匙（剁碎）

大蒜瓣 2 片（碾碎）

鹽少許

作法

1 欲製作義式檸檬歐芹大蒜醬，先將所有備料放進碗裡，橄欖油放進不沾炒鍋中以大火加熱，放入櫛瓜快速攪拌煮 10 分鐘，或直到顏色變褐。再放入大蔥，攪拌煮 1～2 分鐘。

2 同時以大平底鍋盛入加鹽沸水煮麵，直至濃稠。

3 充分瀝乾麵條，放入上菜用的碗裡，將煮好的櫛瓜與義式檸檬歐芹大蒜醬鋪上，撒現刨帕瑪森起士絲。

🥄 **多一味**

青豆東方檸檬大蒜醬
Green Bean Linguine with an Oriental Gremolata

1 使用萊姆（青檸）皮取代檸檬皮，新鮮芫荽取代巴西里葉，來製作青豆東方檸檬大蒜醬。

2 以細長青豆 300 克取代櫛瓜，切成 2.5 公分小段，烹煮約 3～5 分鐘，將青豆瀝乾與大蔥一起炒約 1 分鐘。

生鮮番茄麵
No-cook-tomato Spaghetti

🕐 準備時間：10 分鐘

🕐 烹調時間：10 ～ 12 分鐘

👪

材料

爛熟番茄 750 克（每顆對切成 4 片）

大蒜瓣 2 片（去皮）

羅勒葉 10 片

茴香籽 2 大匙

特級初榨橄欖油 5 大匙

乾燥經典義大利麵條 400 克

水牛莫札瑞拉起士（芝士）球 300 克（2 球，切小丁）

鹽與黑胡椒少許

作法

1 將番茄、大蒜瓣與羅勒葉放進食物處理機一起打碎，直到番茄全碎但未成泥。倒入大碗中，加入茴香籽與橄欖油，以鹽和黑胡椒調味，靜待至少 15 分鐘使其入味，再開始準備煮麵。

2 大平底鍋盛入加鹽沸水煮麵，直至濃稠。瀝乾麵條，拌入調味好的番茄醬，再放入莫札瑞拉起士丁。

 多一味

生鮮香草番茄貓耳朵
Herby No-Cook Tomato Orechiette

1 以半風乾番茄 125 克取代爛熟番茄，粗切芝麻菜 150 克並混入麝香草葉片 4 片，與煮好的貓耳朵充分混合均勻。

2 如上料理程序，加上莫札瑞拉起士丁即完成。

野菇大寬麵
Wild Mushroom Pappardelle

🕐 準備時間：15 分鐘

🕐 烹調時間：12 ～ 25 分鐘

👫👫

材料

混合各式野菇 375 克（清洗）

橄欖油 6 大匙

大蒜瓣 1 片（切細片）

新鮮紅辣椒 1 根（去籽切細）

檸檬 1/2 顆（取汁）

寬葉巴西里 3 大匙（粗切）

無鹽奶油（無鹽牛油）50 克（切小丁）

乾燥大寬麵 400 克

（或以 1 份含 3 顆蛋的義大利麵團自製寬麵，見第 8 頁）

鹽與黑胡椒少許

現刨帕瑪森起士（芝士）少許（上菜用）

作法

1 削好野菇，將牛肝蕈菇（牛肝菌）切片（若有生鮮牛肝蕈菇），將雞油菌（黃菇）與杏鮑菇切開。

2 橄欖油放進深口大炒鍋以小火加熱，加入大蒜瓣、辣椒煮約 5 分鐘使其入味。若大蒜開始變焦黃，則離火以餘溫繼續等待入味。

3 將火漸漸加大，放進野菇攪拌煮約 3 ～ 4 分鐘，直到野菇熟軟，顏色轉金黃。離火並拌入檸檬汁、巴西里葉與奶油，以鹽和黑胡椒調味。

4 大平底鍋盛入加鹽沸水煮麵，直至濃稠（使用生麵團現做的寬麵則只需 2 ～ 3 分鐘），充分瀝乾後放進足量冷開水醒麵待用。

5 將炒好的野菇放回鍋中，以中火拌入麵條，翻動直到充分混合，加入醒麵開水持續攪拌，直到麵條完全沾上油亮醬汁，撒上帕瑪森起士絲。

🍲 多一味

無辣淡奶油野菇麵
Mild & Creamy Mushroom Pappardelle

1 不用辣椒，將橄欖油量減半，拌入法式鮮奶油 200 克與奶油一起炒野菇，煮沸後離火。

2 依照如上料理程序，淋上松露油醬 2 小匙即可上菜。

瑞可塔起士烤番茄麵
Roasted Tomato & Ricotta Pasta

🕐 準備時間：10 分鐘

🍳 烹調時間：15 ～ 20 分鐘

👨‍👩‍👧‍👧

材料

聖女番茄 500 克（對半切）

特級初榨橄欖油 4 大匙

麝香草 2 小匙（切碎）

大蒜瓣 4 片（切片）

碾碎乾燥辣椒 1 把

乾燥義大利麵 400 克

羅勒葉 1 把（撕碎）

瑞可塔起士（芝士）125 克（壓碎）

鹽與黑胡椒少許

作法

1 番茄放進錫烤盤，加上橄欖油、麝香草、大蒜與辣椒，以鹽和黑胡椒調味，預熱200℃進烤箱烤約 15 ～ 20 分鐘，直到番茄熟軟脫水。

2 同時以大平底鍋盛入加鹽沸水煮麵，直至濃稠。瀝乾後回置鍋內。

3 將烤好的番茄、烤盤內醬汁以及大部分的羅勒葉全數拌入麵中，輕輕翻攪直到充分混合。以鹽和黑胡椒調味，用湯匙舀進上菜的碗中。

4 切碎剩下的羅勒葉，與瑞可塔起士碎塊混合，並以鹽和黑胡椒調味，以湯匙舀進小碟中，作為麵食佐料。

🥣 **多一味**

烤番茄羊奶起士醬
Roasted Tomato & Goats' Cheese Sauce

以壓碎羊奶起士 125 克取代瑞可塔起士即可。這道充滿辣味與香草風味的醬料，與任何綠蔬或菠菜義大利麵款都是絕佳搭配。

單人份焗烤起士通心粉
Individual Macaroni Cheese

🕐 準備時間：10 分鐘

🕜 烹調時間：20 分鐘

👨‍👩‍👧‍👦

材料

乾燥通心粉 250 克

野菇 125 克（切片）

大蒜瓣 1 片（壓碎）

低脂鮮奶油（鮮忌廉）150 毫升

牛奶 150 毫升

現磨肉豆蔻 1 把

硬起士（芝士）（如切達起士 Cheddar、瑞士起士 Gruyère）175 公克（刨絲）

羅勒葉 4 大匙（切碎）

鹽與黑胡椒少許

作法

1 大平底鍋盛入加鹽沸水煮麵，直至濃稠。

2 將乾的小炒鍋以中火加熱，放進野菇直接攪拌燒煮 5 分鐘，加入大蒜再煮 1 分鐘，隨後放入鮮奶油、牛奶與肉豆蔻粉一起煮至沸。

3 拌入起士 125 克與全部的羅勒葉，隨即離火，放進所有的起士絲，輕拌直到完全融化，以鹽和黑胡椒調味。

4 瀝乾麵條後，放進大碗中，拌入已完成醬料並充分混合。

5 將作法 4 麵條以湯匙舀至單人份焗烤盤中，鋪上剩下的起士，放入預熱至 230℃ 瓦斯（煤氣）烤箱烤約 10 分鐘，直到表面呈金黃褐色。

🍲 **多一味**

菠菜核桃焗烤起士通心粉
Macaroni Cheese with Spinach & Walnuts

1 冷凍菠菜 250 克與大蒜放入炒鍋，直到熟軟出水。

2 如上烹調程序，先拌入剁碎核桃 4 大匙，再將麵食料理分裝至單人份焗烤盤，加上起士烘烤即成。

蘆筍蠶豆筆管麵
Broad Bean & Asparagus Penne

🕑 準備時間：10 分鐘

🕐 烹調時間：12 ～ 15 分鐘

👨‍👩‍👧‍👧

材料

乾燥筆管麵 300 克

蘆筍 500 克（削平並切小段）

橄欖油 4 大匙

去莢新鮮蠶豆或豌豆 250 克

特濃鮮奶油（鮮忌廉）75 毫升

現刨帕瑪森起士（芝士）細絲 75 克（預留少許上菜用）

薄荷葉 4 大匙（切碎）

鹽與黑胡椒少許

作法

1 大平底鍋盛入加鹽沸水煮麵，直至濃稠。

2 將蘆筍攤鋪在烘焙紙上，刷上大量的橄欖油，以鹽和黑胡椒調味，放進預熱的烤架上烤約 8 分鐘，直到顏色轉褐。

3 取另一個平底鍋以加鹽沸水煮蠶豆或豌豆，約 2 分鐘後瀝乾。

4 瀝乾麵條，將特濃奶油倒進空的煮麵平底鍋加熱，放進煮好的豆子、烤過的蘆筍，加上帕瑪森起士，以鹽和黑胡椒調味。

5 將瀝乾的麵倒回鍋中，加入薄荷葉，以兩支木杓輕拌，撒上帕瑪森起士絲。

🍛 多一味

碳烤蘆筍杏仁麵
Penne with Chargrilled Asparagus & Almonds

1 以大火烤熱烤盤，刷上橄欖油，單層鋪好蘆筍段火烤，不時翻面並補刷上橄欖油，直到表面微焦熟軟。

2 略過豆類與薄荷的處理步驟，在平底鍋中將白杏仁 50 克炒焦褐，再依序加鮮奶油、蘆筍、帕瑪森起士以及鹽與黑胡椒，與煮好的麵充分混合。

核桃醬貓耳朵
Orecchiette with Walnut Sauce

🕐 準備時間：5 分鐘

⏱ 烹調時間：10 ～ 12 分鐘

👪

材料

乾燥貓耳朵麵 375 克

奶油（忌廉）50 克

鼠尾草葉 15 片（粗切）

大蒜瓣 2 片（切碎）

核桃 125 克（剁細）

低脂鮮奶油（鮮忌廉）150 毫升

現刨帕瑪森起士（芝士）65 克

鹽與黑胡椒少許

作法

1 大平底鍋盛入加鹽沸水煮麵，直至濃稠。

2 將奶油放進炒鍋以中火加熱融化，當奶油開始發泡並滋滋作響時，拌入鼠尾草葉與大蒜瓣炒 1 ～ 2 分鐘，直到大蒜顏色轉金黃。離火後拌入碎核桃、鮮奶油以及帕瑪森起士。

3 瀝乾煮好的麵，充分拌入醬料，以鹽與黑胡椒調味後即可上菜。

🍲 多一味

菠菜大蔥酪梨沙拉
Spinach, Spring onion & Avocado Salad

將嫩菠菜葉 150 克、切粗的大蔥 4 根以及剝皮去核的酪梨切片 2 顆，充分混合，並放進另備的生菜葉中。

牛肝蕈菇番茄麵
Porcini & Tomato Tagliatelle

🕐 準備時間：10 分鐘（加上浸泡時間）

🕐 烹調時間：35 分鐘

👫👭👧

材料

乾燥牛肝蕈菇（牛肝菌）25 克

沸水 200 毫升

橄欖油 2 大匙

大蒜瓣 2 片（剁碎）

麝香草 2 大匙（粗切）

罐裝聖女番茄或新鮮剁碎番茄 800 克（2 罐）

乾燥鳥巢麵 400 公克，或以 1 份義大利麵團加 3 顆蛋的自製寬麵（見第 8 頁）

無鹽奶油（無鹽牛油）40 克（切小丁）

鹽與黑胡椒少許

現刨帕瑪森起士（芝士）（斟酌上菜用）

作法

1 將牛肝蕈菇浸泡在沸水 200 毫升中約 10 分鐘，瀝乾且擠出多餘水分，浸泡水留用。

2 將油放進深口大炒鍋加熱，放入大蒜瓣、麝香草攪拌約 30 秒。漸漸轉至大火，加入牛肝蕈菇，以鹽與黑胡椒調味，煮約 1 分鐘。

3 倒進預留的浸泡水與番茄，轉最小火慢燉至沸騰，不上鍋蓋，繼續燉 30 分鐘直到黏稠。若醬汁過稠，視情況加入開水並調整調味料。

4 醬汁快煮好前，以大平底鍋盛入加鹽沸水煮麵，直至濃稠。（若使用新鮮自製麵條，則只需 2 分鐘）。充分瀝乾麵條後，放進足量的冷開水中醒麵。

5 瀝乾醒過的麵條並放回鍋中，以小火加熱，拌入牛肝蕈菇醬汁與奶油，攪拌使其充分混合。倒入醒麵水，持續攪拌幾秒讓麵條完全沾上油亮醬汁，隨喜好撒上帕瑪森起士絲。

 多一味

青花菜番茄麵
Broccoli & Tomato Tagliatelle

1 以青花菜（西蘭花）250 克切小朵取代牛肝蕈菇，滾煮約 2 分鐘，充分瀝乾。

2 如上烹調程序製作番茄醬汁，略過浸泡水的步驟，依序以奶油帶入醬汁與麵條一起拌勻。

經典羅勒青醬麵
Classic Basil Pesto

🕐 準備時間：2 分鐘

🍳 烹調時間：10 ～ 12 分鐘

👨‍👩‍👧‍👩

材料

乾燥特飛麵（Trofie）400 克

羅勒葉 75 克

松子 50 克

大蒜瓣 2 片

現刨帕瑪森起士（芝士）50 克（另留少許上菜用）

橄欖油 100 毫升

鹽與黑胡椒少許

羅勒葉少許（裝飾用）

作法

1 大平底鍋盛入加鹽沸水煮麵，直至濃稠。

2 羅勒、松子與大蒜瓣放進食物處理機，直到完全混合打碎，放進碗中，拌入帕瑪森起士和橄欖油後，以鹽和黑胡椒調味。

3 瀝乾麵條，放進足量冷水中醒麵，再回置鍋中，拌入青醬，加上醒麵水稀釋濃稠度。

4 撒上現刨帕瑪森起士絲，綴上幾片羅勒葉即完成。

🥣 **多一味**

馬鈴薯豌豆青醬麵
Potato & Bean Pesto Pasta

1 將馬鈴薯 250 克削皮切片，放進盛加鹽沸水的大平底鍋中煮約 5 分鐘，依照煮麵程序放進麵條一起煮至濃稠。

2 煮好前 5 分鐘，加入切好的菜豆 150 克。瀝乾麵條後，如上料理程序拌入青醬，即可完成。（除了寬麵皮以外，任何形狀的義大利麵都適用本道料理方式。）

羊奶起士西洋菜白醬麵
Goats' Cheese & Watercress Pesto

🕐 準備時間：10 分鐘

🍵 烹調時間：10 ～ 12 分鐘

👫👫👩

材料

乾燥螺旋麵 375 克

松子 50 克（先烤過，另備少許上菜用）

大蒜瓣 1 片（粗切）

西洋菜（水芥）150 克（預留幾株裝飾用）

特級初榨橄欖油 7 大匙

剝碎羊奶起士（芝士）塊 150 克（預留少許
上菜用）

鹽與黑胡椒少許

作法

1 大平底鍋盛入加鹽沸水煮麵，直至濃稠。

2 將松子、大蒜瓣、西洋菜與鹽 1 大撮放
進食物處理機約 15 秒，讓食材粗略打碎
混合。之後讓機器繼續轉，一邊倒進橄欖
油再打 20 秒。

3 充分瀝乾麵條，放進碗中，拌入碎羊奶起
士並充分混合，以黑胡椒調味後，趁熱拌
入白醬。

4 分成 4 等份放在盤中，另外撒上一點羊
奶起士與松子，以西洋菜點綴裝飾。

🥄 **多一味**

羊奶起士芝麻菜白醬麵
Goats' Cheese and Rocket Pesto

以芝麻菜 150 克取代西洋菜，再依前述
步驟料理即可。小心不要將松子與西洋
菜（或芝麻菜）打得太碎，最好能使白
醬保有松子與菜葉的口感。

菊苣根起士麵
Radicchio & Cheese Crumb Pasta

 準備時間：10 分鐘

烹調時間：13 分鐘

材料

乾燥經典義大利麵條 175 克

奶油 65 克

白麵包屑 25 克

現刨帕瑪森起士（芝士）15 克

西式油蔥酥 2 片（切細）

大蒜瓣 1 片（切片）

菊苣根 1 個（切碎）

檸檬汁少許

鹽與黑胡椒少許

作法

1 大平底鍋盛入加鹽沸水煮麵，直至濃稠。

2 將奶油放進大炒鍋融化，放入麵包屑快炒約 5 分鐘，直至金黃酥脆。將炒好的麵包屑放到碗內，待稍微冷卻後拌入帕瑪森起士絲。

3 將剩下的奶油放進大平底鍋以小火加熱，放進油蔥酥與大蒜瓣，拌炒約 5 分鐘直至熟軟。

4 加入菊苣根與檸檬汁，以鹽和黑胡椒調味，繼續炒約 2 分鐘，直到菊苣根出水熟軟。

5 瀝乾麵條，放進冷開水 2 大匙待用，將冷卻麵條與醒麵水一起拌入調好的菊苣根中，於爐火上搖勻，以小碗分盛，撒上起士塊即可。

多一味

菠菜燻起士麵
Spinach & Smoked Cheese Crumb Pasta

以菠菜 250 克取代菊苣根，以燻起士取代帕瑪森起士，加上現磨肉豆蔻 1/2 小匙增加風味。

瑞可塔起士茄子麵
Rigatoni with Aubergine & Ricotta

🕐 準備時間：5 分鐘

🕐 烹調時間：35 分鐘

👨👩👧👩

材料

茄子 2 大條

橄欖油少許（爆香用）

大蒜瓣 2 片（剁碎）

罐裝切塊番茄 800 克（2 罐）

羅勒葉 20 片（撕碎）

乾燥水管麵 400 克

瑞可塔起士（芝士）200 克

現刨佩克里諾起士 3 大匙

鹽與黑胡椒少許

作法

1 將每條茄子切成 4 段，每段對半切，切成手指粗細。

2 大炒鍋倒進約 1 公分深的橄欖油，以大火加熱直到開始冒泡（未沸騰）。分批放進切好的茄子，炒至金黃色，以漏杓取出茄子，並用廚房紙巾瀝乾。

3 將油 1 大匙放進深口大炒鍋中以中火加熱，放入大蒜瓣快炒約 30 秒。拌入茄子並加鹽調味，再拌入番茄，煮沸後轉小火，不上鍋蓋慢燉約 20 分鐘，直到醬汁濃稠。離火並拌入半數羅勒葉，再度調味。

4 醬汁快完成前，以大平底鍋盛入加鹽沸水煮麵，直至濃稠後瀝乾，放進足量的冷開水中待用。

5 將冷水中的麵放進醬料鍋中，以中火充分拌勻。倒入醒麵水，持續攪拌直到麵條完全沾上油亮醬料。

6 撒上瑞可塔起士、佩克里諾起士、黑胡椒以及剩餘的羅勒葉。

 多一味

瑞可塔起士南瓜麵
Rigatoni with Pumpkin & Ricotta

1 南瓜 500 克去皮去籽並切塊取代茄子，依照如上料理程序，先油炒並以廚房紙巾瀝乾。

2 以橄欖油炒切條的紅洋蔥 2 顆約 10 分鐘直到熟軟，加入瀝乾的南瓜後，再煮 6～8 分鐘，直到轉為焦糖色，離火。

3 拌入 1/2 的羅勒葉，依如上料理程序即可。

大蒜辣椒橄欖油麵
Pasta with Garlic, Oil & Chilli

🕐 準備時間：5 分鐘

🕐 烹調時間：8 分鐘

👨👩👧👦👧👧

材料

乾燥經典義大利麵條 400 ～ 600 克

橄欖油 125 毫升

大蒜瓣 2 片（剁碎）

乾燥紅辣椒 2 小根（去籽切碎）

巴西里葉 2 大匙（切碎）

鹽與黑胡椒適量

作法

1 以大平底鍋盛入加鹽沸水煮義大利麵，直至濃稠。

2 橄欖油放進平底鍋以小火加熱，放入大蒜瓣與一把鹽，快炒直到大蒜變金黃色，若大蒜炒太焦會帶苦味，拌入辣椒。

3 瀝乾麵條，放進平底鍋中，與溫熱的大蒜、辣椒、橄欖油一起拌勻。

4 加入大量黑胡椒與巴西里碎葉，翻動使其均勻混合。

🥄 多一味

羅馬大蒜辣椒橄欖油麵
Roman Garlic, Oil & Chilli Pasta

只需略過黑胡椒與巴西里葉不加，再依如上烹調程序，並在每份加上水煮嫩蛋 2 顆即可完成。

奶油起士緞帶麵
Fettuccine All' Alfredo

🥄 準備時間：5 分鐘

🕐 烹調時間：5 ～ 15 分鐘

👭👭👭

材料

乾燥緞帶麵或鳥巢麵 400 克

（家庭自製麵條可以 1 份義大利麵團加上 3
顆蛋，見第 8 頁）

無鹽奶油（無鹽牛油）50 克

特濃鮮奶油（鮮忌廉）200 毫升

現磨肉豆蔻 1 大把

現刨帕瑪森起士（芝士）絲 50 克（另留少
許上菜用）

牛奶 6 大匙

鹽與黑胡椒少許

作法

1 以大平底鍋盛入加鹽沸水煮麵，直至濃
稠。（自製鮮麵條則只需煮 2 分鐘）

2 將奶油放入寬口深平底鍋融化，加入特濃
鮮奶油煮沸，轉小火並清燉 1 分鐘，直
到稍微變稠。

3 充分瀝乾麵條，放進奶油鍋中以小火加
熱，加入肉豆蔻、帕瑪森起士以及牛奶，
並以鹽和黑胡椒調味，輕輕翻動直到醬汁
變濃稠，麵條充分沾上醬汁。

4 撒上少許帕瑪森起士絲。

🥄 **多一味**

風乾番茄蘆筍奶油麵
Alfredo Sauce with Sun-Dried
Tomatoes & Asparagus

只需在沾醬麵條完成時，加上切碎的半
風乾番茄 100 克，以及白煮蘆筍尖 250
克即成。

羊奶起士香草麵
Goats' Cheese Linquine with Herbs

🕐 準備時間：5 分鐘

⏱ 烹調時間：10 ～ 12 分鐘

👧👧👧👧

材料

乾燥細扁麵 250 克

硬質羊奶起士（芝士）300 克

檸檬 1 顆

奶油（忌廉）75 克

橄欖油 2 大匙（另留少許上菜用）

西式油蔥酥 3 片（切細）

大蒜瓣 2 片（壓碎）

切細混合香草 25 克（如：龍蒿、茴芹、巴西里、蒔蘿）

鹽水酸豆 3 大匙（清洗瀝乾）

鹽與黑胡椒少許

作法

1 以大平底鍋盛入加鹽沸水煮細扁麵，直至濃稠。

2 將羊奶起士切粗片，排放在鋪好錫箔紙的烤架上，刷上少許油。預熱烤架後火烤 2 分鐘，直到顏色轉為金黃，離火保持一定溫度。

3 以刮皮器將檸檬皮刨絲，同時，榨好檸檬汁待用。

4 開中火，奶油放進大炒鍋中以橄欖油加熱融化，放入油蔥酥與大蒜，輕輕拌煮約 3 分鐘。拌入混合香草、酸豆、檸檬汁，以鹽與黑胡椒調味。

5 稍微瀝乾麵條，但仍保有足夠水分混合醬汁，放回鍋內。加入羊奶起士與調好的香草，輕搖使所有食材充分混合，撒上檸檬皮絲。

🍲 **多一味**

香草歐姆蛋麵
Linguine with Omelette & Herbs

1 以 6 顆蛋取代羊奶起士，先打 3 顆蛋並加以調味，以炒鍋將一球奶油加熱，煎成蛋餅，用鍋鏟挑起邊緣取出，並使油汁留在底層。

2 重複以上程序煎剩餘的 3 顆蛋，捲起蛋餅，切段，與煎過的油蔥、大蒜、香草、酸豆與檸檬汁一起放入麵條中即完成。

番茄起士義大利方餃
Ravioli with Tomato & Cream Cheese

🕐 準備時間：10 分鐘

🥄 烹調時間：25 分鐘

👩👩👩👩

材料

無鹽奶油（無鹽牛油）15 克

橄欖油 1 大匙

洋蔥 1/2 個（切細）

西芹梗 1/2 根（切細）

番茄泥 350 毫升

白砂糖 1 大把

新鮮菠菜瑞可塔義大利方餃 250 克

特濃鮮奶油（鮮忌廉）100 毫升

現磨肉豆蔻 1 大把

鹽與黑胡椒少許

帕瑪森起士（芝士）絲少許（上菜用）

羅勒葉少許（裝飾用）

作法

1 深口大平底鍋放爐上，開小火，以橄欖油融化奶油，加入洋蔥與西芹不時攪拌，煮 10 分鐘直至熟軟。

2 拌入番茄泥與白砂糖煮沸。轉小火，不上鍋蓋慢燉 10 分鐘直至濃稠，以鹽與黑胡椒調味。

3 大平底鍋盛入加鹽沸水煮義大利方餃，直至濃稠。同時將特濃鮮奶油加入醬料鍋中並煮沸，拌入肉豆蔻即離火。

4 充分瀝乾義大利方餃，放進盤中，淋上醬料，撒帕瑪森起士絲和羅勒葉。

🥄 **多一味**

杏仁番茄奶油義大利麵疙瘩
Gnocchi with Almonds, Tomato & Cream

1 以麵疙瘩 500 克取代義大利方餃，大平底鍋盛加鹽沸水煮約 3 ～ 4 分鐘或直至濃稠。

2 如上準備番茄醬料，將火烤過的杏仁片 1 大匙撒在醬料上即成。

希臘起士櫛瓜麵
Rigatoni with Courgettes & Feta

🕐 準備時間：15 分鐘

🍳 烹調時間：10 ～ 12 分鐘

👭👭

材料

乾燥水管麵 375 克

櫛瓜（翠玉瓜）3 條（切成 1 公分粗片）

橄欖油 6 大匙

檸檬麝香草 2 小株

檸檬 1/2 顆（取汁）

菲達起士（芝士）200 克（切小丁）

去核綠橄欖 12 顆（粗切）

鹽與黑胡椒少許

作法

1 大平底鍋盛入加鹽沸水煮麵，直至濃稠，充分瀝乾。

2 切好的櫛瓜放在大碗裡，淋上橄欖油 1 大匙。將烤盤以大火加熱直到冒煙，放上切好的櫛瓜，每面煎 2 ～ 3 分鐘，直到熟軟微焦。

3 乾燒好的櫛瓜放到碗裡，滴上剩下的油，擠上檸檬汁並撒上檸檬麝香草，以鹽和黑胡椒調味。

4 充分瀝乾麵條，與菲達起士、綠橄欖放進碗裡搖勻。

🥄 **多一味**

朝鮮薊心塔雷吉歐起士麵
Rigatoni with Artichoke Hearts & Taleggio

1 以朝鮮薊心 400 克（2 罐）取代櫛瓜，瀝乾並對半切，放上橄欖油 1 大匙與切碎迷迭香 1 大匙，一起拌炒 2 分鐘。

2 略過檸檬汁，與綠橄欖及切小塊的塔雷吉歐起士 150 克充分混合，放在煮好的水管麵上即成。

義式藍黴起士菠菜麵疙瘩
Dolcelatte & Spinach Gnocchi

🕐 準備時間：5 分鐘

🕐 烹調時間：20 分鐘

👨‍👩‍👧‍👦

材料

現成義大利麵疙瘩 500 克

（或以 1 份經典馬鈴薯自製麵疙瘩，見第 117 頁）

無鹽奶油（無鹽牛油）15 克

嫩菠菜 125 克

現磨肉豆蔻 1 大把

藍黴起士（芝士）（dolcelatte）175 克（切小丁）

特濃鮮奶油（鮮忌廉）125 毫升

帕瑪森起士絲 3 大匙

鹽與黑胡椒少許

作法

1 大平底鍋盛入加鹽沸水煮麵，直至濃稠。（若使用自製新鮮麵疙瘩，則只需 3 ～ 4 分鐘）充分瀝乾。

2 奶油放入平底鍋以大火融化，當奶油開始滋滋作響時，放入菠菜拌炒 1 分鐘，或炒至熟軟出水。

3 離火並以鹽、黑胡椒、肉豆蔻粉調味，隨後拌入藍黴起士（dolcelatte）、特濃奶油及煮好的麵疙瘩。

4 拌好的麵疙瘩放入烤箱用盤，並撒上帕瑪森起士絲。放入已預熱至 220℃瓦斯（煤氣）烤箱中烤 12 ～ 15 分鐘，直到醬汁冒泡呈金黃色。

🍲 **多一味**

藍黴起士羽衣甘藍韭菜麵疙瘩
Dolcelatte, Kale & Leek Gnocchi

1 切細的羽衣甘藍 250 克與切細的韭菜 1 根取代菠菜，用奶油熱炒 3 ～ 4 分鐘。

2 略過肉豆蔻粉，以鹽和黑胡椒調味，與藍黴起士（dolcelatte）、特濃奶油和麵疙瘩充分混合，如上料理程序即可。

特拉帕尼青醬麵
Pesto Trapanese

🕐 準備時間：10 分鐘

🍲 烹調時間：10 ～ 12 分鐘

👩👩👩

材料

乾燥經典義大利麵條 400 克

大蒜瓣 2 片（去皮）

羅勒葉 50 克（另留少許上菜用）

新鮮紅辣椒 2 根（去籽）

熟爛番茄 400 克（粗切）

帶皮杏仁 150 克（粗磨碎）

特級初榨橄欖油 150 毫升

鹽少許

現刨佩克里諾起士（芝士）（斟酌上菜用）

作法

1 以大平底鍋盛入加鹽沸水煮義大利麵，直至濃稠。

2 將大蒜瓣、羅勒葉、辣椒與番茄一起放進食物處理機，打極碎但不要出泥。拌入磨碎的杏仁與橄欖油，以鹽調味。

3 瀝乾麵條，回置平底鍋內，加上調好的青醬並充分攪拌。隨喜好撒上佩克里諾起士，並以羅勒葉點綴。

🥄 **多一味**

明蝦特拉帕尼青醬沙拉麵
Prawn & Pesto Trapanese Salad

以較小形狀的義大利麵 300 克取代原本的麵條，以流動冷水醒麵後，拌入水煮熟的明蝦 250 克與準備好的青醬。

煙花女義大利麵（鯷魚酸豆橄欖麵）
Puttanesca

🕐 準備時間：10 分鐘

🍵 烹調時間：20 分鐘

👪👫👧

材料

鹽水酸豆 2 大匙

橄欖油 4 大匙

壓碎乾燥紅辣椒 1 大把

大蒜瓣 1 片（壓碎）

油漬鯷魚排 8 片（瀝乾後粗切）

罐裝切塊番茄 400 克

去核黑橄欖 75 克（粗切）

乾燥經典義大利麵條 400 克

鹽少許

作法

1 清洗酸豆。若是鹽漬酸豆，先泡入冷水中約 5 分鐘後瀝乾；若是鹽水酸豆，則只需清洗後瀝乾。

2 開小火，奶油放入大炒鍋以橄欖油融化，放入辣椒、大蒜瓣、鯷魚塊一起煮 2 分鐘，直到鯷魚開始融入奶油中。

3 轉大火，加入酸豆再煮 1 分鐘，放入番茄與橄欖，以鹽調味後煮沸。趁煮麵時間，讓醬汁以快火滾一下。

4 大型平底鍋盛入加鹽沸水煮麵，直至濃稠。瀝乾後將麵放進足量冷開水中待用。

5 把麵條拌入醬汁中，充分混合均勻。將醒麵水倒入鍋中並持續攪拌，直到麵條完全沾上油亮醬汁。

 多一味

鮪魚酸豆橄欖麵
Tuna Puttanesca

將罐頭鮪魚（吞拿魚）200 克瀝乾後放入醬汁中，與酸豆一起拌炒，即可完成。

註：此道食材含魚類，並非純素料理。

馬斯卡彭佐香草麵
Mascarpone & Mixed Herb Pasta

🕐 準備時間：5 分鐘

🥘 烹調時間：10 ～ 20 分鐘

👨‍👩‍👧‍👧

材料

橄欖油 1 大匙

油漬番茄乾 10 個（切細片）

大蒜瓣 2 片（壓碎）

馬斯卡彭起士（芝士）200 克

牛奶 125 毫升

混合香草碎末 4 大匙（寬葉巴西里、羅勒、麝香草、茴芹）

乾燥鳥巢麵或緞帶麵 400 克（或以 1 份義大利生麵團加 3 顆蛋自製，見第 8 頁）

現刨帕瑪森起士絲 3 大匙（另留少許上菜用）

鹽與黑胡椒少許

作法

1 橄欖油倒進大炒鍋中，放入番茄與大蒜瓣，以微火加熱，煮 5 分鐘至入味。若大蒜轉焦黃，則只需離火以餘溫靜置入味。

2 加入馬斯卡彭起士與牛奶，以小火攪拌至起士融化為止，離火並拌入混合香草，以鹽與黑胡椒調味。

3 大型平底鍋盛入加鹽沸水煮麵，直至濃稠。若使用新鮮自製麵條，則只需 2 分鐘，充分瀝乾並放進足量冷開水中。

4 將混合醬汁放回炒鍋中，以小火加熱，拌入熟麵與帕瑪森起士絲，直到充分混合。

5 倒入一些預留的醒麵水，使醬汁保持一定的水分，讓麵條沾勻且呈油亮，裝入盤中，放少許帕瑪森起士絲在旁當佐料。

🥄 多一味

馬斯卡彭佐香草核果麵
Mascarpone, Mixed Nuts & Herb Pasta

上菜前，加上烤過的核桃 50 克，以及松子 3 大匙，即可完成。

包心菜全麥麵
Wholewheat Pasta with Cabbage

準備時間：15 分鐘

烹調時間：25 分鐘

材料

馬鈴薯 250 克（削皮切 2.5 公分立方塊）

乾燥全麥義大利麵（形狀任選）375 克

皺葉包心菜 300 克（切碎）

橄欖油 1 大匙

大蒜瓣 2 片（切細）

馬斯卡彭起士（芝士）200 克

戈貢佐拉起士 200 克（弄碎）

現刨帕瑪森起士少許（上菜用）

作法

1 以大平底鍋盛入加鹽沸水煮馬鈴薯 5 分鐘，再將麵條加入一起煮至濃稠，煮好前 5 分鐘加進切碎的皺葉包心菜。

2 將油放進小平底鍋以小火加熱，放入大蒜瓣，當開始轉焦黃時，放入馬斯卡彭與戈貢佐拉起士，攪拌直到所有起士融化即可離火。

3 瀝乾麵條前，倒進足量冷開水至煮起士的小鍋內。麵條瀝乾後倒入上菜用的大碗中，將起士醬倒進碗裡，充分攪拌使其與麵條混合，再撒上 1 撮帕瑪森起士絲。

多一味

蔓越莓紅包心菜全麥麵
Wholewheat Pasta with Cranberries & Red Cabbage

1 略過皺葉包心菜的處理，以大蒜與切碎紅葉包心菜 250 克一同油炒，直到包心菜熟軟但仍保有清脆口感。

2 另外用鍋子融化起士後，與炒好的大蒜紅包心菜充分混合，並拌入蔓越莓 4 大匙，如上料理程序即成。

紅椒佩克里諾起士青醬麵
Red Pepper & Pecorino Pesto

🕐 準備時間：10 分鐘
🕑 烹調時間：25 分鐘
👨‍👩‍👧‍👧

材料

紅椒 5 顆

特級初榨橄欖油 1 大匙（另留少許上菜用）

白杏仁 50 克

大蒜瓣 1 片（去皮）

現磨佩克里諾起士（芝士）30 克

乾燥筆管麵 400 克

野芝麻菜 65 克

鹽與黑胡椒少許

作法

1 紅椒塗上橄欖油後以大火預熱的高溫烤架油燒，不時翻動，直至表面全部焦黑。放入碗中，以保鮮膜封著，靜置 5 分鐘，如此冷卻處理較容易去皮。

2 當紅椒冷卻可用手拿取時，去掉焦皮，取一顆紅椒，將椒身切條，去掉中心白核與籽，其餘紅椒亦去核去籽，全部處理完後待用。

3 將處理好的紅椒放進食物處理機，與大蒜瓣、白杏仁及佩克里諾起士一起打成軟泥，以鹽與黑胡椒調味，放進上菜用的碗。

4 大平底鍋盛入加鹽沸水煮麵，直至濃稠。瀝乾麵條，將麵條拌入醬汁碗中，加入切條紅椒與野芝麻菜，搖勻後淋上少許特級初榨橄欖油。

🍲 **多一味**

罐裝烤紅椒燻起士青醬麵
Preserved Pepper & Smoked Cheese Pesto

1 準備現成瓶裝烤紅椒 250 克與燻起士 50 克（如蒙契格起士 Manchego）。

2 瀝乾瓶裝烤紅椒，並切成細條；起士則刨薄片；將其他食材切碎，與紅椒、起士混合後，拌入麵條與野芝麻菜。

戈貢佐拉起士醬緞帶麵
Fettuccine with Gorgonzola Sauce

🕐 準備時間：5 分鐘

🥄 烹調時間：12 ～ 14 分鐘

👪

材料

乾燥緞帶麵 500 克

奶油（忌廉）25 克（預留少許上菜用）

戈貢佐拉起士（芝士）250 克（弄碎）

特濃鮮奶油（鮮忌廉）150 毫升

干苦艾酒 2 大匙

玉米粉 1 小匙

鼠尾草 2 大匙（切碎，預留幾葉上菜用）

鹽與黑胡椒少許

作法

1 以大平底鍋盛入加鹽沸水煮緞帶麵，直至濃稠。

2 奶油放進深口大平底鍋以小火加熱，放入戈貢佐拉起士，攪拌 2 ～ 3 分鐘，直到起士完全融化。

3 加入特濃鮮奶油、苦艾酒、玉米粉，輕輕攪拌混合。放進鼠尾草，快速攪拌直到醬汁滾開變濃稠，加入鹽和黑胡椒調味後離火。

4 充分瀝乾麵條，加點奶油拌勻，重新將醬汁稍微加熱並撈起浮渣。

5 將麵條放入醬汁中並充分混合，點綴幾片鼠尾草葉。

🥄 **多一味**

甜菜根覆盆子醋沙拉
Beetroot & Raspberry Vinegar Salad

1 將甜菜根 250 克去皮切塊，與剁碎的洋蔥 1/2 顆一起煮熟。

2 拌入砂糖 1 小匙、覆盆子醋 2 ～ 3 大匙，最後淋上橄欖油或核桃油 2 大匙即可。

烘茄子貝殼通心粉
Aubergine & Rigatoni Bake

🕐 準備時間：30 分鐘（含鑄型時間）

🕐 烹調時間：40 分鐘

👫👫👫👫👫

材料

橄欖油適量（火炒用）

茄子 3 大條（切成 0.5 公分小片）

乾燥奧勒岡葉 1 又 1/2 大匙

乾燥筆管麵或水管麵 375 克

快速番茄義大利麵醬 1 份（作法見第 76 頁）

莫札瑞拉起士（芝士）球 150 克（2 個，粗切）

現刨帕瑪森起士 75 克

新鮮白麵包屑 2 大匙

鹽與黑胡椒少許

作法

1 放入 1 公分深的橄欖油至大炒鍋中並以大火加熱，直到油表面看起來微滾。分批放進切好的茄子，油炸至兩面金黃，以漏杓取出茄子，並在盤子上以廚房紙巾瀝乾，撒上少許鹽與奧勒岡葉。

2 大平底鍋盛入加鹽沸水煮麵，直至幾乎濃稠。麵條瀝乾，與快速番茄義大利麵醬、莫札瑞拉起士及帕瑪森起士放入碗中拌勻，以鹽與黑胡椒調味。

3 同時把茄子塊放進直徑 18 公分的扣環式蛋糕模中，鋪滿底層與周邊，為確保沒有太大縫隙，可用拌好的麵條填補，扎實填滿麵條後，收縮一下蛋糕模，再把剩下的茄子片鋪滿表層。

4 將麵包屑撒在麵塔的表層後，放入已預熱至 200℃ 的瓦斯（煤氣）烤箱烤 15 分鐘，直到顏色轉為黃褐色。

5 靜置麵塔約 15 分鐘，待成形後，從四周先移開扣環，不要嘗試從底層直接取出，否則容易失敗碎裂。

 多一味

烘櫛瓜水管麵
Courgette & Rigatoni Bake

以大櫛瓜（翠玉瓜）6 ～ 7 條取代茄子，切成長片再炒，如上料理程序即可完成。

莫札瑞拉起士蘑菇烤千層麵
Mushroom & Mozzarella Lasagne

🥄 準備時間：20 分鐘

🕐 烹調時間：20 分鐘

👥👥👥👥

材料

乾燥千層麵皮 8 張

奶油（忌廉）50 克

橄欖油 2 大匙（預留少許上菜用）

洋蔥 2 顆（剁碎）

大蒜瓣 2 片（壓碎）

蘑菇 500 克（切片）

特濃鮮奶油（鮮忌廉）4 大匙

干白酒 4 大匙

麝香草 1 小匙（切碎）

紅色彩椒 2 顆（烤過後去皮去蒂去籽並切條，見第 101 頁作法 2）

嫩菠菜 125 克（切碎）

水牛莫札瑞拉起士（芝士）125 克（切片）

現刨帕瑪森起士片 50 克

鹽與黑胡椒少許

作法

1 以大平底鍋盛入加鹽沸水，分批煮千層麵皮，直到接近濃稠。充分瀝乾後，放進冷開水中醒一下，再用茶巾充分瀝乾，鋪 4 張麵皮在刷過油的大型烤盤底層。

2 將橄欖油與奶油放在平底鍋中以中火加熱，加入洋蔥拌炒 3 分鐘，再加入大蒜瓣續炒 1 分鐘。

3 放入蘑菇，漸漸轉大火，快炒 5 分鐘，最後放進特濃鮮奶油、干白酒、麝香草，以鹽與黑胡椒調味後，繼續小滾 4 分鐘。

4 在烤盤裡的每張麵皮上，各鋪上一大湯杓炒好的蘑菇，並加點切條烤紅椒和一半的嫩菠菜。

5 鋪上另外 4 張煮好的麵皮，加上嫩波菜，莫札瑞拉起士 1 片，再鋪上一點炒好的蘑菇，最後放上幾片現刨帕瑪森起士薄片。

6 放在預熱的極高溫烤架上烤 5 分鐘，或烤至蘑菇發泡，表面的起士顏色轉金黃。

 多一味

濃郁芳提娜烤蘑菇麵
Rich Mushroom & Fontina Lasagna

以芳提娜起士 125 克取代莫札瑞拉起士，並混合野菇 250 克與香菇 250 克，如上烹調程序即可完成。

新鮮羅勒番茄麵
Pasta with Fresh Tomato & Basil

🕐 準備時間：10 分鐘

🥘 烹調時間：17 ～ 20 分鐘

👪👩

材料

橄欖油 3 大匙

大蒜瓣 2 片（剁碎）

爛熟聖女番茄 1 公斤（去皮剁碎）

高級陳年葡萄醋 2 小匙

羅勒葉約 30 片

乾燥義大利麵（形狀任選）400 克

鹽與黑胡椒少許

現刨帕瑪森起士（芝士）絲或特級初榨橄欖
油少許（上菜用）

作法

1 橄欖油放進大炒鍋中以大火加熱，放入大
蒜瓣快炒 30 秒。快速放進番茄煮沸，以
鹽和黑胡椒調味後繼續煮 6 ～ 7 分鐘，
擠壓番茄讓汁液滲出。

2 離火，拌入陳年葡萄醋與羅勒葉，利用煮
麵的時間讓炒料入味。

3 以大平底鍋盛入加鹽沸水煮義大利麵，直
到濃稠。

4 將醬料移到上菜碗中，充分瀝乾麵條，拌
入醬料。撒上現刨帕瑪森起士絲或特級初
榨橄欖油。

🥄 **多一味**

彩椒填麵盅
Pasta-Stuffed Peppers

1 彩椒 4 顆去籽對切，將切面朝下以烤
架火烤，直到表皮焦黑，離火，待冷
卻後去皮。

2 如上製作番茄沾醬並與小形狀的義大
利麵 250 克混合，先煮熟麵條、瀝乾、
沖冷水後再瀝乾。

3 彩椒放在大淺盤中，逐一填滿 1/4 的
沾醬義大利麵。上方鋪莫札瑞拉起士
切片 150 克，放在以中火預熱的烤架
上，直到起士冒泡，顏色轉金黃。

瑞可塔起士南瓜水管麵
Rigatoni with Pumpkin & Ricotta

🕐 準備時間：10 分鐘

🕐 烹調時間：18 ~ 23 分鐘

👨‍👩‍👧‍👧

材料

無鹽奶油（無鹽牛油）25 克

洋蔥 1 小顆（剁碎）

鼠尾草葉 20 片

南瓜或冬南瓜 250 克（去皮去籽）

乾燥水管麵 400 克

現刨帕瑪森起士（芝士）薄片 50 克

瑞可塔起士 200 克

杏仁片 25 克（火烤）

鹽與黑胡椒少許

作法

1 將奶油放進大型深口平底鍋以小火加熱，加入洋蔥與鼠尾草，拌炒約 6 ~ 8 分鐘，直到洋蔥熟軟。

2 南瓜（或冬南瓜）切成 1 公分小片，放進鍋中以鹽和黑胡椒調味，煮約 12 ~ 15 分鐘直到南瓜熟爛。

3 同時以大平底鍋盛入加鹽沸水煮義大利麵，直到濃稠後瀝乾。

4 將麵放進煮好的醬料中，加上帕瑪森起士及瑞可塔起士充分混合攪拌，最後撒上杏仁片。

🍲 **多一味**

瑞可塔起士杏仁酥南瓜水管麵
Rigatoni with Pumpkin, Ricotta & Amaretti

將杏仁酥餅乾 25 克壓碎，取代杏仁片，即可享受濃軟中帶酥脆的口感。

松子番茄芝麻菜青醬麵
Tomato, Pine Nut & Rocket Pesto

🕐 準備時間：10 分鐘

🥣 烹調時間：10 ～ 12 分鐘

👨👩👧👧👩

材料

乾燥的捲花樣式義大利麵（如螺旋麵）
400 ～ 600 克

熟番茄 3 顆

大蒜瓣 4 片（剝皮）

芝麻菜葉 50 克（預留少許裝飾用）

松子 100 克

橄欖油 150 毫升

鹽與黑胡椒少許

作法

1 以大平底鍋盛入加鹽沸水煮義大利麵，直到濃稠。

2 將番茄、大蒜瓣、芝麻菜、松子剁碎，拌入油中，以鹽與黑胡椒調味後移到碗中。

3 瀝乾麵條，放到碗裡與青醬充分混合，以幾片羅勒葉綴飾即可上菜。

🥄 多一味

巴西里杏仁番茄青醬
Tomato, Parsley & Almond Pesto

將熟番茄 4 顆、大蒜瓣 2 片、巴西里葉 50 克、杏仁 100 克以及橄欖油 150 毫升，放進食物處理機一起打成泥。

瑞可塔起士焗烤大貝殼麵
Ricotta-Baked Large Pasta Shells

🕐 準備時間：20 分鐘

🍳 烹調時間：30 分鐘

👪👩

材料

乾燥大型貝殼麵 250 克

瑞可塔起士（芝士）400 克

大蒜瓣 1 小片（壓碎）

現刨帕瑪森起士薄片 125 克

羅勒葉 20 克（剁碎）

嫩菠菜 125 克（粗切）

快速番茄義大利麵醬 1 份（見第 76 頁）

莫札瑞拉起士 150 克（切丁）

鹽與黑胡椒適量

作法

1 以大平底鍋盛入加鹽沸水煮貝殼麵，直到濃稠。瀝乾後放進冷開水中，再度充分瀝乾。

2 製作起士填充醬，將瑞可塔起士放進大碗中，以叉子弄碎，拌入大蒜瓣、一半的帕瑪森起士、羅勒葉與嫩菠菜。以足量的鹽與黑胡椒調味後，將拌好的起士食材填入大貝殼麵中。

3 用湯匙舀出 1/4 的番茄麵醬，鋪在烤盤底層，將填好的貝殼麵以面朝上，逐一排放在烤盤上，並將剩餘的番茄麵醬淋在表層，最後撒上莫札瑞拉起士及剩下的帕瑪森起士。

4 放入已預熱至 200℃瓦斯（煤氣）烤箱中烘烤 20 分鐘，直到表面顏色金黃。

🥣 **多一味**

西洋菜鷹嘴豆白醬大貝殼麵
Watercress & Chickpea Shells with Béchamel

1 以白醬 1 份（見第 109 頁，義大利春捲）取代紅醬。將西洋菜 150 克及大蔥 2 根切碎，把罐裝鷹嘴豆 400 克清洗後瀝乾剁碎，三者混合後，如上拌入瑞可塔起士、帕瑪森起士絲與羅勒葉。

2 略過大蒜瓣與嫩菠菜，烤盤底層先刷上一層白醬，逐一將貝殼麵填入拌好的起士，如上料理程序烘烤，最後綴上起士。

義大利春捲
Spring Cannelloni

🕐 準備時間：30 分鐘

🕑 烹調時間：30 ～ 40 分鐘

👫👭👤

材料

牛奶 500 毫升

月桂葉 1 片

洋蔥 1 小顆（對切成 4 份）

去莢蠶豆 125 克（新鮮或冷凍）

去莢豌豆 125 克（新鮮或冷凍）

薄荷葉、羅勒葉各 20 克（切碎）

大蒜瓣 1 片（壓碎）

瑞可塔起士（芝士）300 克

帕瑪森起士 75 克（預留少許上菜用）

奶油 40 克，中筋麵粉 30 克

干白酒 75 毫升

乾燥千層麵皮 150 克

鹽與黑胡椒適量

作法

1 牛奶放進平底鍋，加月桂葉與洋蔥以小火煮到微滾，離火靜置 20 分鐘等待入味，濾去殘渣。

2 同時以滾水煮蠶豆及豌豆直至熟軟（新鮮豆子需 6 ～ 8 分鐘，冷凍只需 2 分鐘），瀝乾並以冷水浸泡，放進食物調理機與香草和大蒜瓣一起打成粗泥，再與瑞可塔起士、帕瑪森起士及其他蔬菜混合，以鹽與黑胡椒調味。

3 奶油放進平底鍋以微火加熱，放進麵粉攪拌，煮 2 分鐘至呈金黃色。離火並慢慢倒入已入味的牛奶，慢慢攪拌並撈出結塊。回爐上，倒入干白酒，小火慢燉 5 ～ 6 分鐘，直至濃稠，以鹽和黑胡椒調味。

4 大平底鍋盛入加鹽沸水煮麵皮，直到濃稠。瀝乾，放進冷開水中，取出切成 8 公分寬、9 公分長的 16 片矩型。

5 將 1/2 小匙的填料放在每片麵皮上捲起，將一半的醬料塗在烤盤底層及每個春捲上。以湯匙繼續鋪上醬料，撒上帕瑪森起士，放入已預熱至 200℃瓦斯（煤氣）烤箱中烤 15 分鐘，直到表面呈金黃色。

 多一味

菠菜春捲
Spinach Cannelloni

將菠菜 250 克切好，用少許奶油在上蓋的平底鍋中煮軟，略過豆類處理程序。如上料理程序，以羅勒葉與肉豆蔻粉取代薄荷葉即成。

波隆那蔬菜麵
Vegetable Spaghetti Bolongnese

🕐 準備時間：15 分鐘

🕐 烹調時間：35 ～ 45 分鐘

👫

材料

蔬菜油 1 大匙

洋蔥 1 顆（切碎）

大蒜瓣 1 片（切碎）

西芹梗 1 支（切碎）

胡蘿蔔 1 根（切碎）

野菇 75 克（切碎）

番茄泥 1 大匙

剁碎番茄 400 克

蔬菜高湯 250 毫升（也可用紅酒）

乾燥混合香草末 1 把

酵母萃取物 1 小匙（yeastextract）

高纖植物蛋白 TVP150 克（素肉大豆粉）

剁碎巴西里 2 大匙

全麥義大利麵 200 克

鹽與黑胡椒少許

現刨帕瑪森起士（芝士）少許（上菜用）

4 同時，以大平底鍋盛裝加鹽沸水煮麵，直
   到濃稠。充分瀝乾後，均分成兩盤，將完
   成的燉蔬菜放上，撒上帕瑪森起士，即可
   上菜。

作法

1 將油放進深口大平底鍋以中火加熱。加入
   洋蔥、大蒜、西芹梗、胡蘿蔔、野菇，快
   炒 5 分鐘，直至蔬菜熟軟。

2 加入番茄泥拌煮 1 分鐘，再放入番茄碎、
   紅酒或高湯、混合香草末、酵母萃取物、
   TVP，煮至沸騰。

3 轉小火，上蓋慢燉 30 ～ 40 分鐘，直到
   TVP 熟軟，拌入巴西里葉並以鹽和黑胡椒
   調味。

🥄 多一味

波隆那扁豆麵
Lentil Bolognaise

1 以罐裝青扁豆 150 克取代 TVP（料理
   前先徹底清洗）。

2 將乾燥扁豆，先浸水並先行與麵皮一
   起煮熟，再依如上料理程序烹調即可
   完成。

羽衣甘藍奶油捲管麵
Garganelli with Creamy Cavolo Nero

🕐 準備時間：10 分鐘

🍲 烹調時間：16 ～ 18 分鐘

👩👩👩

材料

羽衣甘藍 500 克（也可用義大利黑包心菜）

橄欖油 3 大匙

大蒜瓣 2 片（切薄片）

乾燥紅辣椒 1 根（切碎）

乾燥捲管麵 400 克（也可用螺旋麵）

特濃鮮奶油（鮮忌廉）300 毫升

佩克里諾起士（芝士）50 克（現刨成絲，預留少許上菜用）

鹽少許

作法

1 將羽衣甘藍削整齊，去除硬梗後切碎。

2 將油倒進大炒鍋中以中火加熱，放入大蒜與辣椒快炒，直到大蒜開始轉為金黃色時，丟進羽衣甘藍並以鹽調味，轉大火炒 2 ～ 3 分鐘，炒至甘藍熟軟。

3 以大平底鍋盛裝加鹽沸水煮麵，直到濃稠。瀝乾後，放進足量冷開水。

4 同時，將特濃鮮奶油倒在熟軟的包心菜上，煮到沸騰。轉小火，燉 5 分鐘，讓奶油變濃稠，包心菜完全沾附油亮醬汁。

5 將佩克里諾起士與煮好的麵放進鍋中，以小火攪拌 30 秒。

6 把醒麵冷開水倒入鍋中，持續攪拌，直到麵條充分沾醬。撒上少許佩克里諾起士絲即可上菜。

🍲 **多一味**

羽衣甘藍博羅特豆捲心麵
Garaganelli with Cavolo Nero & Borlotti Beans

1 將罐裝博羅特豆（Borlotti Beans，又稱羅馬豆） 400 克瀝乾，放進煮好的羽衣甘藍、洋蔥、大蒜混炒物中。

2 拌入豆蔻花粉 1 把與刨成絲的 1 顆檸檬皮，再加上特濃鮮奶油，依照如上的烹調程序即可完成。

蔬菜義大利麵
Pasta Primavera

🕐 準備時間：15 分鐘

🕐 烹調時間：10 ～ 12 分鐘

👩👩👩👩

材料

乾燥鳥巢麵 300 克

橄欖油 2 大匙

大蒜瓣 1 片（壓碎）

西式油蔥酥 2 片（切碎）

新鮮去莢豌豆 125 克

新鮮去莢嫩蠶豆 125 克

蘆筍 125 克（削整齊）

菠菜 125 克（切碎）

鮮奶油（鮮忌廉）慕絲 150 毫升

帕瑪森起士 75 克（現刨）

薄荷葉 1 把（切碎）

鹽與黑胡椒適量

作法

1 以大平底鍋盛裝加鹽沸水煮鳥巢麵，直到濃稠。

2 同時，將橄欖油放入平底鍋中以中火加熱，加入大蒜與油蔥酥，拌炒約 3 分鐘。放進豌豆、蠶豆、蘆筍與菠菜一起炒約 2 分鐘。將鮮奶油慕絲拌入，微滾燉煮約 3 分鐘。

3 充分瀝乾麵條，再將蔬菜混入炒物中，以鹽和黑胡椒調味。最後加入帕瑪森起士與薄荷葉，並以兩隻湯匙翻動均勻，即可上菜。

🍲 **多一味**

龍蒿風味蔬菜麵
Pasta with Tarragon-dressed Vegetables

1 準備小胡蘿蔔、甜豆、嫩青豆各 150 克取代豌豆與蠶豆。

2 小胡蘿蔔對切成 4 塊，青豆切成與甜豆等長，依照上述程序烹煮。

3 最後以 1 把切碎龍蒿取代薄荷葉即可完成。

櫛瓜義大利麵烘蛋
Spaghetti & Courgette Frittata

🕐 準備時間：10 分鐘

🕐 烹調時間：25 分鐘

👫👫👩

材料

橄欖油 2 大匙

洋蔥 1 顆（切細絲）

櫛瓜（翠玉瓜）2 條（切細絲）

大蒜瓣 1 片（壓碎）

雞蛋 4 顆

煮熟經典義大利麵 125 克

現刨帕瑪森起士（芝士）4 大匙

羅勒葉 10 片（撕碎）

鹽與黑胡椒適量

作法

1 將橄欖油倒入深口且不沾鍋的 23 公分炒
鍋（烤箱適用），以小火加熱。加入洋蔥，
稍微拌煮約 6 ～ 8 分鐘，直到洋蔥熟軟。
拌入櫛瓜與大蒜繼續拌煮 2 分鐘。

2 蛋打入大碗，以鹽和黑胡椒調味。拌入煮
好的作法 1 材料、麵條以及帕瑪森起士
絲 1/2 量。

3 倒入炒鍋中，快速整合食材，避免散開。
以小火煮約 8 ～ 10 分鐘，直到烘蛋底部
成形。

4 將烘蛋移至高溫稍燙的烤架上，距爐火約
10 公分高。燒烤直到全成形，但尚未變
色的狀態。

5 烘蛋放回鍋中，搖晃使其張平後，移至盤
內。撒上剩下的帕瑪森起士與羅勒葉，等
待冷卻 5 分鐘，即可上菜。

🥄 **多一味**

綜合蔬菜烘蛋
Mixed Vegetable Frittata

1 準備煮好的菠菜、豌豆、青花菜（西
蘭花）（切小朵）300 公克，取代櫛
瓜，依照如上料理程序烹調。

2 將完成的烘蛋與綠蔬生菜沙拉一起上
菜即可。

菠菜蘑菇烤千層麵
Mushroom & Spinach Lasagne

🕐 準備時間：15 分鐘

🍲 烹調時間：12 分鐘

👩👩👩

材料

特級初榨橄欖油 3 大匙（預留少許上菜用）

綜合菇類 500 克（切片）

馬斯卡彭起士（芝士）200 克

現成新鮮千層麵皮 12 張

塔雷吉歐起士 150 克（去外皮、切丁）

嫩菠菜 125 克

鹽與黑胡椒適量

作法

1 橄欖油倒入大炒鍋以中火加熱，放入菇類快炒約 5 分鐘。加入馬斯卡彭起士，以大火煮約 1 分鐘，使其濃稠。以鹽和黑胡椒調味。

2 同時，將千層麵皮放進大型烤盤，倒入淹過麵皮高度的熱水。靜待 5 分鐘，等麵皮柔軟後，將水倒出。

3 烤盤刷上少許油，於底層鋪上麵皮 3 片，局部重疊。鋪上塔雷吉歐起士少許、1/3 的野菇混炒物、1/3 的嫩菠菜。重複以上程序，再鋪上兩組千層麵皮，最後把剩下的塔雷吉歐起士撒在表層。

4 將麵皮放在預熱的燒燙烤架上，烤約 5 分鐘，直到起士轉金黃褐色即可。

🥄 多一味

蘑菇番茄櫛瓜烤千層麵
Mushroom, Tomato & Courgette Lasagna

1 取番茄 500 克與櫛瓜（翠玉瓜）2 條來取代嫩菠菜。

2 以滾水煮番茄後，剝皮切片，櫛瓜切細片，接著如上烹調程序即可完成。

泰式義大利麵
Spaghetti with Thai Flavours

 準備時間：10 分鐘

烹調時間：11 ～ 13 分鐘

材料

乾燥經典義大利麵條 200 克

蔬菜油 3 大匙

芝麻油 2 小匙

大蒜瓣 2 片（切片）

新鮮老薑碎末 1 小匙

小辣椒 2 根（去籽切碎）

萊姆（青檸）2 顆（取皮削絲並取汁）

新鮮芫荽 1 把（切碎）

泰國羅勒葉 1 把（也可用一般羅勒葉）

鹽與黑胡椒適量

作法

1 大平底鍋裝加鹽沸水，煮義大利麵直至濃稠。瀝乾，放入冷開水 4 大匙，醒麵後再將麵放回鍋內。

2 同時，將蔬菜油與芝麻油放進炒鍋以中火加熱，加入大蒜、薑、辣椒以及萊姆皮一起拌煮約 30 秒，讓大蒜味道釋出。倒進醒麵水，煮至沸點。

3 將香草與萊姆汁拌入義大利麵，再度加熱，以鹽和黑胡椒調味。

🥄 多一味

泰式海鮮麵
Seafood Spaghetti with Thai Flavours

準備明蝦 200 克，去殼以熱油烹煮 2 分鐘，直到蝦肉轉粉紅色，再加入大蒜等食材，如上料理程序即可完成。

Homemade
家庭自製麵款

經典馬鈴薯麵疙瘩
Classic Potato Gnocchi

🕐 準備時間：30 分鐘（含發麵時間）

🍳 烹調時間：30 分鐘

👪👩👧👨👧

材料

粉質馬鈴薯 1 公斤（如 KingEdwards 或是
MarisPiper 品種）

現磨肉豆蔻 1/4 公斤

中筋麵粉 150 ～ 300 克（含和麵撒粉用量）

雞蛋 2 顆

鹽少許

作法

1 將帶皮馬鈴薯放進裝冷水的平底鍋中並上
蓋燜煮。煮到沸點後轉小火，慢煮 20 分
鐘，直到全熟，瀝乾。

2 將馬鈴薯趁溫去皮，以研磨機或碾米機磨
成細泥，放入大碗中，加上肉豆蔻調味。
接著篩入 150 克中筋麵粉，再打蛋進去，
輕巧快速地以手指混合，直到均勻並摸到
如麵包屑的小塊成形即可。

3 在乾淨的廚房工作平台上，將混合物揉成
光滑細軟黏合的麵團。

4 將麵團均分成 3 份，每份以擀麵棍擀成
手指厚度的長片，再以刀切成 2.5 公分的
小塊，放在撒滿麵粉的烘焙紙上，靜待
10 ～ 20 分鐘。

5 大平底鍋內加入鹽及開水煮沸。放入麵疙
瘩並煮 3 ～ 4 分鐘，或煮至麵疙瘩浮到
水面。

6 以杓子撈出麵疙瘩並瀝乾，放入個人喜愛
的醬料即可上菜。

◆ Tips

揉麵時，若麵團太濕，則視狀況加入麵粉。
注意不要過度壓揉麵團，否則麵疙瘩嘗起來
會很老很硬。

 多一味

芝麻菜或菠菜麵疙瘩
Rocket or Spiach Gnocchi

在開始揉麵團前，加入 50 克剁碎的芝
麻菜或菠菜，再依如上料理程序烹調，
即可完成。

檸檬芝麻菜馬鈴薯餃
Rocket, Potato & Lemon Ravioli

🕐 準備時間：25 分鐘

🕐 烹調時間：65 分鐘

👨👩👩👩

材料

粉質馬鈴薯 500 克（如 KingEdwards、MarisPiper 品種）

現刨帕瑪森起士（芝士）絲 3 大匙

野芝麻菜 75 克（須預留少許上菜用）

無蠟檸檬 1 顆（取皮磨細絲）

奶油（忌廉）125 克

現磨肉豆蔻 1 大把

含 3 顆蛋義大利麵團 1 份（見第 8 頁）

中筋麵粉適量（揉麵撒粉用）

鹽與黑胡椒少許

帕瑪森起士適量（現削薄片，上菜用）

作法

1 將馬鈴薯以叉子在表面戳洞後，放在大張烘焙紙上，放入已預熱至 220℃瓦斯（煤氣）烤箱中烤 1 小時，或烤至全熟。（可以鈍刀切開最大一顆馬鈴薯查看。）

2 馬鈴薯冷卻後對切，並逐一取出薯肉放到碗裡。與帕瑪森起士絲、野芝麻菜、檸檬皮絲以及一半的奶油充分混合，再加入肉豆蔻粉、鹽與黑胡椒調味。

3 將義大利麵團擀成長條片狀（見第 9 頁），再將麵團擀成長片（見第 9 頁）。一次處理一片麵皮，每 5 公分麵皮放上 1 小匙填料，直到鋪滿半張麵皮。

4 刷上一點水，黏合麵皮，並將每份填料中間空隙部分壓緊，不要包入空氣。（可將麵皮或餅乾劃刀裁成圓形或方形，放到撒上麵粉的烘焙紙上並蓋上茶巾備用。）

5 在大平底鍋中，加少許鹽，煮滾一鍋水後，放入麵餃約 2 ～ 3 分鐘，直至濃稠。瀝乾，放進足量冷水中。

6 同時，將奶油放進大炒鍋以小火融化，再放進義大利餃與醒麵水，慢滾至表面沾附油亮醬汁。撒上帕瑪森起士削片與野芝麻菜即可上菜。

 多一味

西洋菜義大利餃
Watercress & Mustard Ravioli

1 以 2 小匙芥末以及一把切細的巴西里葉取代檸檬皮絲與芝麻菜。

2 加入 2 片壓碎的大蒜瓣及 75 克的西洋菜，即可完成。

鴨肉義大利餛飩
Duck Tortellini

🕐 準備時間：40 分鐘

🕑 烹調時間：90 分鐘

👪

材料

無鹽奶油（無鹽牛油）25 克

洋蔥 1 小顆（剁碎）

西芹梗 2 根（剁碎）

胡蘿蔔 1 根（剁碎）

干白酒 200 毫升，橄欖油 1 大匙

柳橙 1 顆（皮刨細絲並取汁）

麝香草 2 大匙（剁碎）

罐裝切塊番茄 250 毫升

無皮鴨腿 2 支（每支約 175 ～ 200 克）

現刨帕瑪森起士（芝士）絲 2 大匙（預留少許上菜用）

新鮮白麵包屑 2 大匙，雞蛋 1 顆

含 3 顆蛋義大利生麵團 1 份（見第 8 頁）

中筋麵粉適量（撒粉用），鹽與黑胡椒少許

寬葉巴西里適量（切碎，上菜用）

作法

1 將奶油與橄欖油放進深口大平底鍋以小火融化。加入洋蔥、西芹、胡蘿蔔炒 10 分鐘。倒進白酒並煮沸 1 分鐘。再加入柳橙皮碎與柳橙汁、麝香草與番茄，煮到沸。

2 將鴨腿以鹽和黑胡椒調味，再加入剛炒好的醬汁，上蓋慢燉約 75 分鐘，直到骨、肉分離。將骨頭移出後，以食物處理機將肉充分打碎，再混入帕瑪森起士絲、麵包屑以及雞蛋。

3 將生麵團擀成長片（見第 9 頁），切成長、寬各 8 公分的正方形。再把打好的肉醬以填料方式，一小球一小球放進麵皮中，對角折成三角形。

4 按壓餃子邊緣黏好封口，不要包進空氣。

5 包好的餃子放在工作台最長的邊緣，緊貼排好，再移到撒上麵粉的烘焙紙上，蓋上茶巾備用。

6 大平底鍋中加鹽、水，待水煮沸後放入麵餃，直至濃稠。同時，重熱醬汁。瀝乾麵餃，擺盤淋上醬汁並撒上帕瑪森起士絲與巴西里碎葉，即可上菜。

🥣 **多一味**

小羊肉或雞肉餃
Lamb or Chicken Tortellini

將一隻小羊腿或 2 隻雞腿取代鴨腿。小羊腿用柳橙皮碎與柳橙汁，雞腿則用檸檬皮碎與檸檬汁。（也可以使用 200 毫升紅酒取代白酒，更增進風味。）

火腿瑞可塔起士捲
Ricotta & Parma Ham Rotolo

🕐 準備時間：20 分鐘
🕐 烹調時間：35 分鐘

👫👫👫

材料

嫩菠菜 250 克

瑞可塔起士（芝士）250 克

現磨肉豆蔻 1 大把

現刨帕瑪森起士 50 克（預留少許上菜用）

加 1 顆蛋的義大利麵團 1 份（見第 8 頁）

帕瑪火腿 3 片

奶油（忌廉）75 克（預先融化）

鹽與黑胡椒少許

作法

1 先把菠菜以微波爐或電鍋蒸熟，放進冷水中，瀝乾並擠出多餘水分，再與瑞可塔起士、肉豆蔻、帕瑪森起士混合，以鹽與黑胡椒調味。

2 將麵團分成兩份，其中一份擀成麵皮（見第 9 頁），放在濕茶巾上，再將麵皮周圍稍稍折回，確保麵皮都在茶巾上，重疊部分刷上一點水，再壓好封口。

3 瑞可塔內餡鋪在麵皮上，左右兩邊留約 1.5 公分的邊。再將菠菜平均撒在上面，把帕瑪火腿片順較長的一邊依序鋪好。

4 將邊緣刷上水，運用茶巾輔助，捲起麵皮。掐好四周封口，再用茶巾包好。以綁繩將兩邊紮緊，中間再綁上 2、3 段。

5 將綁好的麵皮捲放入煎魚鍋或深口烘焙盤，以加鹽沸水烹煮 30 分鐘。

6 打開茶巾，取出煮好的麵皮捲切成 12 片，分別放入個人餐盤中。淋上融化的奶油，撒上帕瑪森起士絲即可上菜。

🥄 **多一味**

西洋菜、燻鹹肉瑞可塔起士捲
Ricotta, Watercress & Speck Rotolo

以 100 克切塊燻鹹肉及 250 克西洋菜取代菠菜，照著上面的料理程序即可完成。

香草野菇義大利餃
Herb & Wild Mushroom Ravioli

🕐 準備時間：35 分鐘

🍳 烹調時間：10 ～ 11 分鐘

👪👧

材料

橄欖油 2 大匙

西式油蔥酥 2 片（剁碎）

綜合蘑菇 250 克（切碎）

希臘黑橄欖 25 克（去核切碎）

油漬風乾番茄 4 顆（瀝乾切碎）

干瑪莎拉葡萄酒 1 大匙

加 2 顆蛋義大利麵團 1 份（見第 8 頁）

龍蒿、馬鬱草、巴西里 4 大匙（剁碎混入義大利麵團中）

中筋麵粉適量（揉麵撒粉用）

現磨肉豆蔻、鹽與黑胡椒少許

香草小梗（裝飾用）

帕瑪森起士（芝士）絲、蘑菇醬適量（上菜用）

方塊，移到撒上麵粉的烘焙紙上，蓋上茶巾。）

5 以大平底鍋盛加鹽沸水，放入麵餃煮約 2 ～ 3 分鐘，直至濃稠。充分瀝乾後，加入已融化的奶油翻動。

6 餃子分成 4 人份放到溫盤子，撒上帕瑪森起士絲以及蘑菇沾醬，綴上香草梗，即可上菜。

作法

1 以中火熱油，放入油蔥酥快炒約 5 分鐘，炒至金黃色，加入蘑菇、希臘黑橄欖、番茄以大火攪拌烹煮 2 分鐘。

2 滴上 1 大匙瑪莎拉葡萄酒再煮 1 分鐘，加入肉豆蔻粉、鹽和黑胡椒調味，放進碗中放涼備用。

3 將麵團擀成長片（見第 9 頁）。一次處理一片麵皮，每 3.5 公分麵皮放上 1 小匙填料，直到一半的麵皮都鋪滿。

4 刷上一點水，對折蓋上另一半的麵皮，並將無填料部分黏合壓緊，不要包入空氣。（可以麵皮輪、餅乾切刀或利刀切成

 多一味

核桃野菇義大利餃
Chestnut Mushroom & Walnut Ravioli

可以 250 克野菇以及 100 克核桃取代蘑菇，再依如上料理程序即可完成。

隨喜海鮮烤千層麵
Open Seafood Lasagne

🕐 準備時間：30 分鐘

🕐 烹調時間：35 分鐘

👫👫

材料

特級初榨橄欖油 2 大匙（預留少許上菜用）

洋蔥 1 小顆（切碎）

茴香球莖 1 顆（切碎）

大蒜瓣 2 片（壓碎）

干白酒 200 毫升

罐裝切塊番茄 250 毫升

加 1 顆蛋義大利麵團 1 份（見第 8 頁）

中筋麵粉適量（揉麵撒粉用）

寬葉巴西里 1 把

脆口白魚排 250 克，如鱈魚、扁鱈、和尚魚（鮟鱇魚）等

細軟白魚排 250 克，如紅鯔魚、紅鯛魚、鯛魚、鱸魚等

生鮮去殼大明蝦 12 隻

羅勒葉 6 片（撕碎，留少許上菜用）

鹽與黑胡椒少許

作法

1 將油倒進深口大型平底鍋以小火加熱，再放進洋蔥與茴香球莖，炒 8 ～ 10 分鐘，直至熟軟。加入大蒜再炒 1 分鐘，再倒進白酒煮沸約 1 分鐘。

2 放入番茄並以鹽和黑胡椒調味，煮至沸點，再以溫火慢燉 20 分鐘。

3 同時，將麵團擀成長片（見第 9 頁）將巴西里葉末撒滿一半的麵皮，然後對折蓋上，以擀麵機碾成最薄片，切成 12 片長條，一層層疊在撒上麵粉的托盤中。

4 魚排切成 3.5 公分小塊。將脆口魚類放進醬汁中小火滾 1 分鐘，再放進細軟魚類與明蝦以小火滾 1 分鐘，離火，拌入羅勒葉後上蓋。

5 將麵皮分批放進盛裝加鹽沸水的大平底鍋中，煮 2 ～ 3 分鐘，直至濃稠。

6 撈出麵皮，瀝乾後撒上少許橄欖油與羅勒葉，再將其分盤裝，淋上醬汁，重複鋪麵皮、淋醬汁的動作，最後綴上橄欖油即可上菜。

◆ Tips

堆疊麵皮時，記得在每層麵皮間撒上少許麵粉。（作法 3）

番紅花絲薄緞帶麵
Saffron Taglierini

🕐 準備時間：30 分鐘（含冷卻與浸泡時間）

🍳 烹調時間：12 分鐘

👪👧👩

材料

奶油（忌廉）75 克

洋蔥 1 顆（切碎）

伏特加 100 毫升（也可用干白酒）

現刨帕瑪森起士（芝士）薄片 50 克

義大利麵團材料

番紅花絲 0.4 克

溫開水 2 大匙

中筋麵粉 225 克（須預留少許，揉麵撒粉時使用）

顆粒小麥麵粉 75 克（須預留少許，揉麵撒粉用）

雞蛋 2 顆（另備 1 顆蛋黃）

作法

1 番紅花料浸泡在量好份量的水裡約 15 分鐘。

2 依照第 8 頁的製作方式準備義大利麵團材料，並在加上 2 顆雞蛋與 1 顆蛋黃於麵粉內後，加入番紅花與浸泡水。（也可將作法 1 與其他麵團材料一起放入食物處理機攪拌，如第 8 頁作法，繼續揉麵靜置程序。）

3 麵團擀成長條片（見第 9 頁）。把麵皮切成 20 公分長，放進擀麵機，壓成最薄的麵皮製成絲薄緞帶麵。

4 將麵皮放在撒上顆粒小麥麵粉的烘焙紙上，蓋上濕茶巾，靜待最少 3 小時。

5 奶油放進大炒鍋中以小火加熱，再放進洋蔥翻炒 7 ～ 8 分鐘，直到洋蔥熟軟呈現透明狀，轉大火，倒進伏特加或白酒，快滾 2 分鐘，然後離火。

6 以大平底鍋盛裝加鹽沸水煮麵，煮 2 ～ 3 分鐘直至濃稠。瀝乾後放進奶油醬料中，撒上帕瑪森起士絲，即可上菜。

 多一味

檸檬龍蒿絲緞帶麵
Tarragon & Lemon Taglierini

1 將 2 大匙切碎龍蒿以及 1 顆檸檬皮刨細絲，取代番紅花料。

2 依序加入蛋與其他食材之後，再依如上料理程序烹調，即可完成。

菠菜瑞可塔起士餃
Spinach & Ricotta Ravioli

🕐 準備時間：25 分鐘

🥣 烹調時間：2 ～ 3 分鐘

👩👧👩👧

材料

冷凍菠菜 500 克（解凍並擠乾水分）

瑞可塔起士（芝士）175 克（也可用其他凝乳起士）

現磨肉豆蔻 1/4 小匙

鹽 1 小匙

加 3 顆蛋的義大利麵團 1 份（見第 8 頁）

中筋麵粉適量（揉麵撒粉用）

奶油（忌廉）125 克（須預先融化）

黑胡椒少許

現刨帕瑪森起士薄片（上菜用）

作法

1 將菠菜與瑞可塔起士（或其他軟起士）放進食物處理機，與肉豆蔻粉、鹽和黑胡椒一起打成泥。上蓋放冰箱備用。

2 義大利麵團擀成長片（見第 9 頁）。1 次處理 1 片麵皮，每 5 公分麵皮放上 1 小匙填料，直到一半的麵皮都鋪滿。

3 刷上一點水，對折蓋上另一半的麵皮並將無填料部分黏合壓緊，不要包入空氣。（可以麵皮輪、餅乾切刀或利刀將麵餃切成方塊，或是利用杯口扣出半圓形，再將其移到撒上麵粉的烘焙紙上，蓋上茶巾。）

4 麵餃放進盛裝加鹽沸水的大平底鍋中煮 2 ～ 3 分鐘，直至濃稠。

5 撈出麵餃並充分瀝乾，放回鍋中與融化的奶油充分搖勻。最後放上帕瑪森起士薄片即可上菜。

🥄 多一味

鼠尾草奶油辣椒佐料
Sage & Chili Butter

1 將 12 片鼠尾草葉與奶油一起炒約 2 分鐘。

2 拌入 3 大匙的韭菜碎以及 1 條切碎的去籽青辣椒，即可完成。

鼠尾草南瓜餃
Pasta with Pumpkin & Sage

🕐 準備時間：30 分鐘
🕑 烹調時間：25 分鐘
👨‍👩‍👧‍👧

材料

南瓜肉 250 克（切丁）

大蒜瓣 1 片（壓碎）

鼠尾草連梗 2 枝

特級初榨橄欖油 2 大匙

瑞可塔起士（芝士）75 克

帕瑪森起士絲 25 克（預留少許上菜用）

加 2 顆蛋的義大利麵團 1 份（見第 8 頁）

中筋麵粉適量（撒粉用）

奶油（忌廉）75 克

整片鼠尾草 2 大匙

鹽、黑胡椒、檸檬汁少許

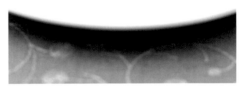

作法

1 將南瓜、大蒜、鼠尾草連梗、橄欖油一起放進小錫烤盤。先以鹽和黑胡椒調味，再輕覆上錫箔紙，放入預熱至 200℃瓦斯（煤氣）烤箱中烤 20 分鐘，烤至南瓜熟軟，移到碗內，壓碎放涼。

2 待南瓜冷卻後，將南瓜與瑞可塔起士、帕瑪森起士一起打成泥，並加入鹽和黑胡椒調味。

3 將義大利麵團擀成薄皮（見第 9 頁）。切成 8 公分見方的正方形。放滿滿 1 匙的南瓜泥填料到每張皮中間。

4 在薄皮邊緣刷上水，對角折進填料變成三角形，再輕壓邊緣封口，注意不包進空氣。將包好的餃子移到撒上麵粉的烘焙紙上，以茶巾覆蓋。

5 以大平底鍋盛裝加鹽沸水，放入麵餃煮 3～4 分鐘，直至濃稠。同時，將奶油融化並拌入鼠尾草與黑胡椒，加熱直到變成焦褐色。

6 撈出、瀝乾麵餃，沾上鼠尾草奶油後，擠點檸檬汁，並撒上帕瑪森起士絲即可上菜。

🥄 多一味

羅勒杏仁麵餃
Almond & Basil Topping

1 將 12 片羅勒葉與 50 克烤過的杏仁片，連同 4 大匙橄欖油放進炒鍋一起炒到羅勒變脆硬。

2 醬汁用湯匙舀放在瀝乾的麵餃上，擠點檸檬汁，並撒上帕瑪森起士絲，即可完成。

200道
義大利麵料理
輕鬆做

溫暖湯品×簡易沙拉×美味麵食

SAN YAU
http://www.ju-zi.com.tw
三友圖書
友直 友諒 友多聞

國家圖書館出版品預行編目 (CIP) 資料

200道義大利麵料理輕鬆做 - 溫暖湯品 × 簡易沙
拉 × 美味麵食 / Maria Ricci 作 ; 謝映如譯 . -- 初
版 . -- 臺北市 : 橘子文化 , 2015.01
面 ; 公分

ISBN 978-986-364-044-8(平裝)
1. 麵食食譜 2. 義大利

427.38   103026355

First published in Great Britain in 2008
under the title 200 PASTA
by Hamlyn, an imprint of Octopus
Publishing Group Ltd
Copyright © Octopus Publishing Group Ltd
2008
All rights reserved
Complex Chinese translation rights
arranged with Octopus Publishing Group

作　　者	瑪莉雅‧芮奇（Maria Ricci）
譯　　者	謝映如
發 行 人	程安琪
總 策 畫	程顯灝
總 編 輯	呂增娣
主　　編	李瓊絲、鍾若琦
編　　輯	吳孟蓉、程郁庭、許雅眉、鄭婷尹
美術主編	潘大智
執行美編	菩薩蠻數位文化有限公司
美術編輯	劉旻旻、游騰緯、李怡君
行銷企劃	謝儀方
發 行 部	侯莉莉
財 務 部	呂惠玲
印　　務	許丁財
出 版 者	橘子文化事業有限公司
總 代 理	三友圖書有限公司
地　　址	106 台北市安和路 2 段 213 號 4 樓
電　　話	(02) 2377-4155
傳　　真	(02) 2377-4355
E — mail	service@sanyau.com.tw
郵政劃撥	05844889 三友圖書有限公司
總 經 銷	大和書報圖書股份有限公司
地　　址	新北市新莊區五工五路 2 號
電　　話	(02) 8990-2588
傳　　真	(02) 2299-7900
製　　版	興旺彩色印刷製版有限公司
印　　刷	鴻海科技印刷股份有限公司
初　　版	2015 年 1 月
定　　價	新臺幣 350 元
I S B N	978-986-364-044-8（平裝）

品味生活 系列

燉一鍋×幸福

愛蜜莉 著／定價 365元

去買一只好鍋吧！然後用快樂的心情為自己下廚做頓好料理，善待你的鍋，就是善待生活，最終你會體會，日日都是美好！書中除了收錄作者的私房好菜，還有許多有趣的廚房料理遊戲和心情故事。

首爾咖啡館的100道人氣早午餐：
鬆餅×濃湯×甜點×三明治×飲品

李智惠 著 李承珍 譯／定價 350元

超過800萬人次關注！韓國超人氣部落客不藏私的食譜大公開！草莓可麗餅、格子鬆餅、馬卡龍、煙燻鮭魚貝果堡……蒐集首爾咖啡館最受歡迎100道早午餐點，讓你在家也能享有置身咖啡館的幸福。

健康氣炸鍋的美味廚房：
甜點×輕食 一次滿足

陳秉文 著 楊志雄 攝影／定價 250元

本書不僅介紹基本炸物、煎魚、烤雞、烘焙麵包，還有比薩、千層麵、派塔、蛋糕等作法，步驟簡單又清楚，告訴你最方便、最省時、減油又健康的烹調撇步，神奇一鍋多用法，美味料理術再升級！

巴黎日常料理：
法國媽媽的美味私房菜48道

殿 真理子 著 程馨頤 譯／定價 300元

48道法國正統家庭料理×你不知道的法國餐桌二三事，簡單・時髦・美味，Bon Appétit！和你分享法國媽媽的家常菜、假日派對的小點，以及最天然的季節果醬祕方、釀鮮蔬撇步，從餐前菜到甜點，享受專屬於法式的慢食美味。

15分鐘！教你做出主廚級義式主食料理

黃佳祥 著 楊志雄 攝影／定價 380元

誰說義大利麵只能搭配紅、白、青醬，麵條要如何煮才Q彈不軟爛？16國經典醬汁×53種食材，60道義大利麵與燉飯美味大公開，只要15分鐘，主廚級料理輕鬆上桌！

自己做最安心！麵包機的幸福食光：
麵包糕點×果醬優格 健康美味零失敗

呂漢智 著 楊志雄 攝影／定價 290元

原來麵包機也可做出口感酥軟的法國麵包，桂圓蛋糕不需經過長時間烘烤，只要一鍵即可搞定！Step by step，告訴你CP值最高的麵包機實用教學，麵包、糕點、優格、果醬，在家自己做，品嘗最健康的美味，讓食安風暴遠離你！

品味生活 | 系列

小家幸福滋味出爐！
用鬆餅粉做早午晚餐×下午茶×派對點心
高秀華 著　楊志雄 攝影／定價 300元

你知道鬆餅粉可以做出壽司嗎？不只是教你做出司康、布朗尼、夾心餅乾等美味甜點，玉子燒、披薩多種意想不到的鹹食料理也通通收錄在書中，這週末你準備好和家人一起度過美好的烘焙時光了嗎？

造型兒童餐：
88種超萌料理，讓孩子天天都想帶便當！
古露露 著／定價 300元

88款超可愛療癒系的造型兒童餐，有小朋友最愛的貓熊、無尾熊、企鵝，童話裡的小豬、河童……以天然無負擔的食材，搭配清楚明瞭的步驟圖，親手做出兼具視覺與味覺的幸福兒童餐！

遇見一只鍋：愛蜜莉的異想廚房
愛蜜莉 著／定價 320元

因為在德國萊茵河畔遇見一只鍋，愛蜜莉的生活從此不同，她大方邀請大家一起走進她的異想廚房，分享生活中的點滴和輕鬆料理的樂趣。找一天早點回家，跟餐桌來個約會吧！

吐司與三明治的美味關係
于美芮 著／定價 340元

這是一本吃吐司的書，也是一本玩吐司的書。又節食了一週，餐餐都在計算卡路里，假日就放自己一馬吧！週六睡到自然醒，起床後，一邊瀏覽雜誌，一邊享受一份新鮮手作三明治早餐，原來，寶貝自己簡單的不得了！

果醬女王
于美芮 著／定價 320元

臺灣一年四季有太多不同的好水果，本書教你製作道地法式果醬，番茄哈密瓜、黃檸檬、蓮霧桃酒等多款美味果醬，另外教你做果泥和鮮果果凍，跟著品味濃郁果香，一起動手做果醬！

果醬女王之法國藍帶級甜點
于美芮 著／定價 320元

隨著法國藍帶級甜點主廚的私房筆記，製作道地的法式小點，走進甜點主廚的廚房，一窺法式小點的美味祕笈，不論是糕點、派塔、薄餅、巧克力等，讓你在家也可以輕鬆做出藍帶級甜點。